高等学校"十三五"规划教材

WULI HUAXUE SHIYAN

物理化学实验

第二版

沈阳化工大学物理化学教研室　组织编写

姚淑华　张志刚　王雅静　何　美
谢　颖　周华锋　李文泽　赵雨超
　　　　曹　旋　王建枫　等编

化学工业出版社

·北京·

《物理化学实验》(第二版)根据工科课程体系的特点编写而成,全书共分绪论、测量误差与实验数据处理、实验(含24个实验项目)和附录四个部分。实验内容包括:物质热力学性质的测定、电解质溶液性质和电化学性质的测定、化学反应动力学性质的测定、界面与胶体性质的测定、结构化学实验等。此外,为了提升学生科学地分析和处理实验数据的能力,本书第二章详细介绍了实验误差分析和数据处理方法。部分实验中介绍了有关基础实验技术和一些较特殊仪器的原理、结构和使用方法。书末附有实验中需要的数据表、国际单位制及有关单位的换算及实验安全防护知识。

《物理化学实验》(第二版)可作为高等院校化学、化工、应用化学、材料科学、环境科学、环境工程、冶金、矿物加工、采矿安全、成型控制、生物工程等专业本科生的实验教材,也可供从事相关工作的科研人员参考。

图书在版编目(CIP)数据

物理化学实验/沈阳化工大学物理化学教研室组织编写. —2版. —北京:化学工业出版社,2019.7
高等学校"十三五"规划教材
ISBN 978-7-122-34338-3

Ⅰ.①物… Ⅱ.①沈… Ⅲ.①物理化学-化学实验-高等学校-教材 Ⅳ.①O64-33

中国版本图书馆CIP数据核字(2019)第071249号

责任编辑:宋林青　　　　　　　　文字编辑:刘志茹
责任校对:宋　玮　　　　　　　　装帧设计:刘丽华

出版发行:化学工业出版社(北京市东城区青年湖南街13号　邮政编码100011)
印　　装:三河市双峰印刷装订有限公司
787mm×1092mm　1/16　印张9¾　字数240千字　2019年9月北京第2版第1次印刷

购书咨询:010-64518888　　　　　　售后服务:010-64518899
网　　址:http://www.cip.com.cn
凡购买本书,如有缺损质量问题,本社销售中心负责调换。

定　价:25.00元　　　　　　　　　　　　　　　　　　版权所有　违者必究

前　言

物理化学实验综合了化学领域中各学科所需的基本研究工具和方法。其主要目的是使学生掌握物理化学实验的基本方法和技能，巩固和加深学生对物理化学原理的理解，从而提高对物理化学知识灵活运用的能力。本书在沈阳化工大学物理化学教研室编的《物理化学实验》基础上，根据"厚基础、宽专业、大综合"以及理论与实践、基础与专业、基本技能与学术相结合的实验教学理念，考虑物理化学学科发展和教学改革需要编写而成；尤其近几年随着教学条件、仪器、设备的不断更新和完善，不少实验的教学内容和测试技术都有了很大的改进和提高，在教学实践中深感一些内容急需删减、增补和修改。

本书由四部分组成。误差和数据处理部分着重介绍物理化学实验中常用的误差分析和作图方法。实验部分是本书的主要内容，虽然书中半数以上都是经典的物理化学实验题目，但在实验技术和教学内容上都作了不同程度的改革，强调物理化学实验技术的实际应用。同时也考虑到目前我国的实际情况，所选实验需用的仪器设备都是一般实验室容易获得的。

实验内容包括实验目的、实验原理、仪器与试剂、实验步骤、记录表格、数据处理、思考问题和参考资料等。为了便于学生独立完成各实验环节，新增预习要求、实验注意事项、讨论要点、考核标准、思考题，并在部分实验中增加了选做实验课题等项目，以便学生通过预习，即能独立进行实验，并按要求做好记录和写出实验报告，有利于学生分析问题与解决问题能力的提高。部分实验介绍了有关基础实验技术和一些较特殊仪器原理、结构和使用方法。书末附有实验中需要的数据表，介绍了国际单位制及有关单位的换算。本次修订增加5个实验，以更加符合当前高校的开课需求。

各兄弟院校给我们提出了不少宝贵意见，对本书出版给予了很大的支持和鼓励；化学工业出版社的编辑对本书作了细致的审核，提出了许多建设性意见，在此我们表示衷心感谢。

参加本书编写工作的有姚淑华、张志刚、王雅静、何美、谢颖、周华锋、李文泽、赵雨超、曹旋、王建枫等，最后由姚淑华、张志刚统稿、定稿。

由于编者水平有限，书中疏漏之处在所难免，真诚希望同行和读者们多提宝贵意见。

编　者
2018 年 12 月　于沈阳化工大学

目 录

第一章　绪论 ·· 1
　第一节　实验目的和要求 ··· 1
　第二节　实验教学管理规章制度 ·· 2

第二章　测量误差与实验数据的处理 ·· 4
　第一节　可靠数字、可疑数字及有效数字 ·· 4
　第二节　精密度和准确度 ··· 5
　第三节　误差及误差分析 ··· 6
　第四节　计数规则和计算规则 ··· 12
　第五节　作图法 ·· 14

第三章　实验 ·· 18
　实验一　燃烧焓的测定 ·· 18
　　附：氧气钢瓶减压阀 ·· 24
　实验二　溶解热的测定 ·· 26
　实验三　凝固点降低法测定摩尔质量 ··· 29
　　附：数字贝克曼温度计 ··· 33
　实验四　液体饱和蒸气压的测定 ··· 35
　　附1：SHB Ⅲ型循环水式多用真空泵 ·· 38
　　附2：福廷式气压计 ·· 39
　实验五　化学平衡常数及分配系数的测定 ··· 41
　实验六　二组分汽-液平衡相图 ··· 44
　实验七　三组分系统相图的绘制 ··· 48
　实验八　二组分合金相图 ·· 52
　实验九　差热分析 ··· 56
　　附：差热分析仪（CDR-1型） ··· 60
　实验十　原电池电动势的测定 ·· 63
　实验十一　电解质溶液摩尔电导率与弱电解质电离平衡常数的测定 ······························· 69
　实验十二　电解质溶液活度系数的测定 ·· 73
　实验十三　蔗糖水解 ··· 76
　　附：旋光仪原理及使用 ··· 79
　实验十四　丙酮碘化反应 ·· 82
　　附：722型分光光度计使用方法及注意事项 ··· 86
　实验十五　乙酸乙酯皂化反应 ·· 87
　　附：电导率仪 ··· 90
　实验十六　氨基甲酸铵分解反应标准平衡常数的测定 ·· 92

实验十七　胶体的制备和电泳 …… 96
实验十八　溶胶的制备、纯化及聚沉值的测定 …… 100
实验十九　小分子液体和高聚物黏度的测定 …… 104
实验二十　溶液表面张力的测定 …… 111
　　附：折光仪原理及使用 …… 115
实验二十一　溶液吸附法测定固体比表面积 …… 118
实验二十二　表面活性剂溶液临界胶束浓度的测定 …… 122
实验二十三　B-Z 振荡反应 …… 126
实验二十四　磁化率的测定 …… 130

附录 …… 135
　附录1　物理化学实验中常用数据 …… 135
　附录2　物理化学实验室中的安全防护 …… 141

参考文献 …… 150

第一章 绪 论

第一节 实验目的和要求

物理化学实验是一门独立的课程，它综合了化学领域中各分支所需的基本研究工具和方法。物理化学实验的主要目的是使学生掌握物理化学实验的基本方法和技能；培养学生正确记录实验数据和实验现象，正确处理实验数据和分析实验结果的能力；掌握有关物理化学的原理，提高学生灵活运用其原理的能力。

物理化学实验课对培养学生独立从事科学研究工作的能力具有重要作用。学生应该在实验过程中提高自己的实际工作能力，要勤于动手，开动脑筋，钻研问题，做好每一个实验。

1. 实验预习

学生在实验前要充分预习，预先了解实验目的和原理，在规定时间内到实验室了解所用仪器的构造和使用方法，了解实验操作过程，做到心中有数。在预习的基础上写好实验预习报告，其内容包括：实验目的、实验原理、实验操作要点、实验原始数据记录表。

实践证明，学生有无充分预习对实验效果的好坏和对仪器造成破损的程度影响很大，因此，一定要坚持做好实验前的预习工作。

2. 实验操作

学生进实验室后应检查所使用的仪器和试剂是否符合实验要求，并做好实验前的各种准备工作。具体做实验时，要严格控制实验条件，仔细观察实验现象，详细记录原始数据与实验现象。整个实验过程要有严谨的科学态度，做到实验台面清洁整齐，工作有条有理、一丝不苟，还要积极思考，善于发现和解决实验中出现的各种问题。

3. 实验报告

书写实验报告是本课程的基本训练之一。它将使学生在实验数据处理、作图、误差分析、问题归纳等方面得到训练和提高。实验报告的质量在很大程度上反映了学生对理论知识掌握的程度和分析解决问题的能力。实验报告应包括：实验目的和简明原理、实验装置简图、实验条件（室温、大气压、药品纯度、仪器精密度等）、具体操作步骤、原始实验数据、数据处理和作图、结果及讨论等。

实验讨论是实验报告的重要组成部分，主要包括：对实验现象的分析和解释、对实验结果的误差分析、对实验的改进意见、实验心得体会和查阅文献情况等。

一份好的实验报告应该是目的明确、原理清楚、数据准确、作图规范、结果正确、讨论深入和字迹清楚等。

第二节　实验教学管理规章制度

1. 学生实验规则

物理化学实验课程是化工类院校重要的技术基础课之一。为提高本课程的教学质量，维持正常的教学秩序，特制定本规则。

（1）课前认真准备，写出预习报告。实验开始后无故迟到 10min 以上者，不得参加本次实验。

（2）在实验室以科学的态度认真进行实验操作，仔细进行实验记录，遵守课堂纪律，不得擅离职守、喧哗吵闹、阅读无关书籍等，对严重违纪者，指导教师有权令其停止实验。

（3）保持实验室卫生，做到台面清洁整齐、地面无污物，实验结束后值日生对实验室进行全面清扫。

（4）课后独立完成实验报告，做到书写工整、内容完整、图形美观、数据准确，坚决杜绝伪造数据、投机取巧、抄袭报告等舞弊行为的发生。

（5）注意实验室安全，未经指导教师同意不能擅动仪器、设备（尤其是电气设备），杜绝由于跑、冒、滴、漏等现象而造成的事故。

（6）认真执行《物理化学实验考核办法》及《物理化学实验仪器破损赔偿规定》等规则。

2. 实验指导教师工作规则

为了提高物理化学实验的教学质量，明确指导教师的工作职责，特制定本规则统一执行。

（1）指导教师要认真备课，熟悉所指导项目的理论及实验的全部内容。

（2）实验之前，要检查仪器、药品等准备情况，发现问题及时解决。

（3）实验课进行中，指导教师要坚守岗位，严肃认真地指导学生实验，全面考察学生的实验过程和效果，不得擅离岗位。

（4）认真执行《物理化学实验仪器破损赔偿规定》，减少无主破损情况的发生。

（5）实验结束后，全面检查水、电、气、门的安全情况，认真填写《物理化学实验教学日志》，如发生事故，由指导教师负责。

（6）及时填写实验成绩，现场考核项目应当日填写分数，及时批改实验报告、记录成绩。

3. 实验考核办法

（1）物理化学实验考核成绩按 5 分制，即优、良、中、及格、不及格。

（2）考核包括整个实验过程：

① 本科生在指定时间内完成规定数目的实验项目；

② 考核内容包括预习报告、实验操作、实验结果、实验报告、仪器损坏与药品消耗、秩序、卫生等；

③ 教师对学生完成的每个项目按 10 分制打分，期末将每个学生实验项目的分数排队，按学校规定分档。

（3）考核规定：

① 凡舞弊者（包括编造或抄袭他人数据、不做实验写出实验报告、代做实验等），成绩均为不及格，且不予正常补考；

② 旷课一次，定为实验总成绩不及格，病假、事假需系主任或卫生所批示，教研室统一安排补做；

③ 迟到 10min 以上到实验室，或没有预习并经考核无法进行正常实验而被请回者，定为本次实验不及格，不予补做；

④ 半数及以上实验不及格（6 分以下）者，总成绩定为不及格，且不予正常补考；

⑤ 不及格的实验项目，该实验成绩按零分计，参加积分排队分档。

4. 实验仪器破损赔偿规定

为了提高物理化学实验的教学质量，培养学生勤俭节约的作风，减少在物理化学实验中的仪器破损，特制定如下规定处理在实验教学中的仪器破损赔偿。

（1）仪器、设备在正常使用中发生损坏者，一般不予赔偿。正常使用是指：

① 仪器设备按正确方法使用、调试；

② 严格按照实验步骤操作；

③ 经指导教师批准后，改变原使用方法；

④ 使用方法正确，由于仪器本身的故障造成破损。

（2）非正常使用者，均按破损程度及对破损的认识态度做必要的赔偿。

① 较贵重的电子、机械等类别的仪器设备一般按原价的 $5\%\sim10\%$ 赔偿，或送出修理后实报实销。

② 玻璃仪器破损，一般按原价的 $50\%\sim100\%$ 赔偿。

③ 上一班级破损的仪器设备，实验开始后没及时发现并向指导教师申报者，按本次实验使用者导致破损论处。

④ 仪器、设备破损后，逃避责任、态度恶劣者，可处以按原价的 $1\sim3$ 倍赔偿。

（3）赔偿办法。

① 损坏者当场填报破损单，经当班负责教师核算赔偿金额并签字后，可从实验室领取新仪器。

② 下次实验前必须还清赔偿费用，否则停止实验。

③ 对于故障损坏且情节严重者，除给予必要的赔偿外，教研室建议学院对损坏者给予行政处分。

第二章 测量误差与实验数据的处理

在实验研究工作中，一方面要对实验方案进行分析研究，选择适当的测量方法进行数据的直接测量；另一方面还必须将所得数据加以整理归纳，以寻求被研究的变量间的规律。但不论是测量工作还是数据处理，树立正确的误差概念是很有必要的。应该说，一个实验工作者具有正确表达实验结果的能力和具备做好精细的实验工作的本领同等重要。

在实验中，直接测量一个物理量 x，由于测量技术和人们观察能力的局限，测量值 x_i 与客观真值 x 不可能完全一致，其差值 $x_i - x$ 即为误差。根据引起误差的原因及其特点，误差可分为系统误差和偶然误差两种。在基础物理化学实验中，通常包括下面几个基本步骤：

（1）使用仪器进行测量。实际上，有些仪器很简单，如滴定管、温度计等；而有些仪器比较复杂，如电位差计、折光仪等。

（2）将测量数据代入相应公式或关系式中，计算所要求的量。

（3）在利用和研究各种实验数据时，可以用作图法在某些情况下对数据作统计研究。

实验各步骤都应遵循科学的方法，必须注意测量值的精密度及计算值的精密度。需要确定对某一给定量是做一次测量，还是做一系列测量以求得合乎要求的精密度。以下将从定义可靠数字、可疑数字和有效数字等术语开始对精密度进行讨论。这些与测量过程和记录所得数据的过程有关。

第一节 可靠数字、可疑数字及有效数字

物理化学实验中所用仪器都有最小读数值，即仪器标度上能直接读出的最小分度值。如图 2-1 所示，温度计的最小分度值是 1℃，而 $\frac{1}{100}$ 分度的贝克曼温度计的最小分度值是 0.01℃。对大多数仪器需要估计到最小分度值的后一位数。例如图 2-1 中，温度可以读到 25.2℃。

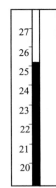

图 2-1 温度计的一部分

在 25.2℃ 这个值中，小数点前两位数为可靠数字，小数点后一位数为可疑数字。尽管我们相信这一可疑数字，但还必须将温度写成（25.2±0.2）℃，以表示可靠程度。如果记录一个体积测量值为 (35.30±0.05)mL，那么，我们确信真实体积在 35.25～35.35mL 之间。小数点前两位数及小数点后第一位数为可靠数字，小数点后第二位数为可疑数字。

测量中的有效数字包括可靠数字和可疑数字。上述读数 25.2℃ 和 35.35mL 中，所有的数字都是有效数字。所谓有效数字，是指一个数据中包含着的所有可靠数字和一位可疑数字。25.2℃ 为三位有效数字，35.35mL 为四位有效数字。

首先，在实验中，要按照所用仪器的精密度来记录数据，如用 $\frac{1}{100}$ 分度的温度计应记到 0.002℃，若位数记得太多，则夸大了仪器的精密度；若位数记得太少，则没有表达测量的

应有精密度。其次，在数字运算中，要按照有效数字的运算规则确定最后结果的位数。用计算器或计算机进行运算时，要防止有效数字过多。

特别要指出的是，有效数字的多少是测量精密度的反映，与选择的单位无关。如 1.82mm 是三位有效数字，若写成 0.182cm 或 0.00182m，仍然是三位有效数字。182 前面的 0 仅取决于所采用的单位，而不改变测量的精密度。对于 1800mL 这样的数，则要作具体分析，若 1800mL 是用分度为 10mL 可估计到 2mL 的量筒量取的，则其个位、十位数字的确是 0，故有四位有效数字；若是用分度为 100mL 的量筒量取的，则只有三位有效数字，最后一位数字 0 仅表示 8 与 1 是在百位与千位上而已。为明确起见，常用 10 的指数形式表示，如写成 1.80×10^3 mL，其有效数字为三位。

第二节 精密度和准确度

准确度是指测量结果的正确性，即与真值的偏离程度（所谓真值，在实际中往往不为人们所知，这里所指的真值是指用校正过的仪器经多次测量所得值的算术平均值或载于文献手册中的公认值）。精密度是指测量结果的可重复性及测得数值的有效数字的位数。

例如，用两个温度计测量同一恒温水浴的温度，其中一个最小读数（或最小分度）为 1℃，另一个最小读数为 0.1℃。用第一个温度计测得温度为 (25.2±0.2)℃，用第二个温度计测得温度为 (25.18±0.02)℃。第二个读数有四位有效数字，是更精密的读数。在这个意义上，"精密度"与"有效数字的位数"有关，有效数字越多，则精密度越高。可以说，最小读数为 0.1℃ 的温度计是更精密的仪器。

又如，用单个温度计进行一系列读数，这些读数之间可能偏差较小，也可能偏差很大。如果偏差较小，我们说这个测量方法是一个高精密度的方法，而且这个步骤是一个精密的步骤。

精密度既涉及数值的重复性，又涉及读数的有效数字。

但是，在我们对一个给定的量进行一系列读数并确信它在以上两个意义上都是精密的之后，仍然不知道是否有未知的或固定的误差引入了测量值。例如，测量温度时，标度温度计可能有误差。这样，即使记录的温度很精密，但是有可能存在误差，也可能是完全错误的，即准确度较差。例如，在 101.325kPa 下测得纯苯的沸点分别为 81.32℃、81.36℃、81.34℃……前三个有效数字都是 81.3，差别只在小数点后第二位，这组数据是很精密的，但是，其准确度很低，因为纯苯的正常沸点为 80.10℃。因此，好的精密度不一定能保证高的准确度，而高的准确度必须有好的精密度。

一般说一个结果是准确的，即意味着这个值正好是真值。但是，实际上我们很难确知真值。因此，我们可以对准确度进行定量描述。

定量描述准确度的一个办法是考虑可疑数字的可疑范围。如果记录某个温度为 (25.24±0.02)℃，此 0.02℃ 就是精密度的一个量度，我们可以把这个值叫做最小读数精密度，有时也叫做小数精密度，它是用和测量值相同的单位表示的，也称绝对精密度。也可以用相对精密度来表示测量的精密度，它可以定义为测量值的相对不确定性，它是由最小读数精密度除以测量值而得到的，其结果可以表示为百分之几（百分数）或千分之几。下面举例说明求相对精密度的方法。

【例 2-1】 (25.26±0.01)g 和 (125.26±0.01)g 的最小读数精密度和以百分数表示的

相对精密度是什么?

解：两者的最小读数精密度都是 0.01g。

相对精密度是

$$\frac{0.01\text{g}}{25.26\text{g}}=0.04\%, \quad \frac{0.01\text{g}}{125.26\text{g}}=0.008\%$$

由此可见，最小读数精密度依赖于测量仪器，而相对精密度不但依赖于测量仪器，还依赖于测定值的大小。注意，相对精密度是量纲为 1 的量。

第三节 误差及误差分析

在所有实验步骤和数据处理中，有一些因素会影响实验结果的准确度。这些因素中有实验者在读数、记录和数据处理中所犯的错误（导致过失），也有各种误差。下面就误差进行讨论。

1. 误差的种类和性质

根据引起误差的原因及其特点，将误差分为系统误差（确定误差）和偶然误差（不确定误差）。

（1）系统误差

系统误差是由于某种固定的原因或某些经常出现的因素引起的重复出现的误差，又称可测误差或恒定误差。其具有如下特点。

① 单向性：它对分析结果的影响比较固定，即误差的正或负通常是固定的。

② 重现性：当平行测定时，它会重复出现。

③ 可测性：其数值大小基本固定，是可以被检测出来的，因而也是可以校正的。

当测量存在系统误差时，其测定结果的精密度可能很好，但准确度并不高。重复测量不能发现和减小系统误差。只有通过改变实验条件才能发现系统误差，进而找出产生系统误差的原因，测定其大小，然后加以校正，以致消除系统误差对准确度的影响。

根据系统误差产生的具体原因，可分为以下几种。

① 仪器误差：是由于所用仪器本身不准确引起的。如天平两臂不等、气压计的真空密封不完善、仪器示数部分的刻度划分不够准确等。这类误差可以通过检定进行校正。

② 试剂误差：是由于化学试剂中杂质的存在引起的。

③ 操作误差：是由于操作者的主观原因引起的。如记录某一信号时间的滞后，读取仪表读数时总是把头偏向一边，判定滴定终点的颜色程度不同等。

④ 方法误差：是由于实验方法的理论根据有缺点，或引用了近似公式造成的。例如，由蒸气密度测定相对分子质量，应用范德华方程所得的结果要比应用理想气体状态方程给出的结果更准确一些。

（2）偶然误差

偶然误差是由于某些无法控制和避免的客观偶然因素造成的，又称随机误差或未定误差。如滴定管最后一位读数的不确定性；测定过程中环境条件（温度、湿度、气压等）的微小波动等。这些偶然因素均可能使测定结果产生波动，造成误差。偶然误差决定测定结果的精密度。反过来说，精密度仅与偶然误差有关，与系统误差无关；而准确度与系统误差和偶然误差都有关。

偶然误差的特点是：大小和方向不定。偶然误差是随机变量，它的值或大或小，符号或正或负。因此，偶然误差是无法测量的、是不可避免的，也是不能加以校正的。

虽然单个地看偶然误差的出现极无规律，但是当测量次数足够多时，从整体上看偶然误差则服从统计分布规律，可以用数理统计的方法来处理。

需要说明的是，实验过程中的"过失"是指操作人员工作中的差错，主要是由于操作人员的粗心或疏忽而造成的，没有一定的规律可循。例如，在称重时砝码的数值读错了，滴定时数值读错了，甚至记错了或计算错了。这类情况属于责任事故，是不允许存在的。通常，只要增强责任心，认真细致地做好原始记录，反复核对，过失是可以避免的。

上述各种误差的大小，主要取决于仪器设备的优劣、实验条件控制得好坏，以及实验者操作水平的高低。在实验中，系统误差应降低到最小限度，过失"误差"不允许存在，而偶然误差却是难以避免的。这也是尽管在最佳条件下测量，但还存在误差的根本原因。通常，系统误差不影响测量值的精密度，而偶然误差既影响测量的精密度又影响测量的准确度。因此，一个好的测量值应该只包含偶然误差。

2. 偶然误差的正态分布

上面述及的偶然误差虽出于偶然因素，但若在相同条件下、用同一方法对某一物理量进行多次测量，会发现其大小和符号分布服从统计分布规律，且呈正态分布。例如，用数字显微镜测量某一毛细管的长度 x_i 共 43 次，在排除系统误差后，测得数据 x_i 及相应出现的次数如下：

$$5.211(1\text{次}), 5.212(4\text{次}), 5.213(9\text{次}), 5.214(13\text{次}),$$
$$5.215(8\text{次}), 5.216(4\text{次}), 5.217(2\text{次}), 5.218(2\text{次})$$

$$\text{平均值}\ \bar{x} = \frac{1}{43}\sum_{i=1}^{43} x_i = 5.214$$

若以测量值 x_i 为横坐标，其间距取为 ± 0.0005，以 x_i 出现的次数 n_i 为纵坐标，可得图 2-2 中的长方形组成的塔形分布。随着测量次数的增加、间距的缩小，便可得一光滑曲线，如图中虚线所示。

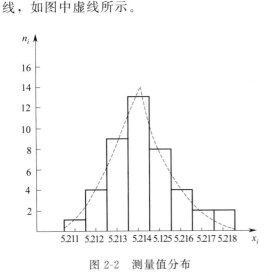

图 2-2　测量值分布

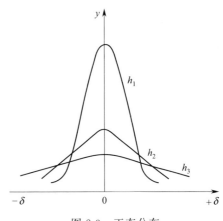

图 2-3　正态分布

若以偶然误差 δ_i 为横坐标，以 δ_i 的概率密度 y 为纵坐标，可得类似图 2-2 的分布曲线，如图 2-3 所示。这类分布称为正态分布。该分布曲线的方程式为

$$y = \frac{1}{\sigma\sqrt{2\pi}} e^{-\frac{\delta^2}{2\sigma^2}} \tag{2-1}$$

式中，σ 为均方根误差（或标准误差）。

$$\sigma = \sqrt{\frac{\sum_{i=1}^{n} \delta_i^2}{n}} \tag{2-2}$$

令精密度指数 $h = \frac{1}{\sqrt{2}\sigma}$，代入式(2-1)中，则

$$y = \frac{h}{\sqrt{\pi}} e^{-h^2\delta^2} \tag{2-3}$$

曲线以下的面积代表出现误差的所有可能性。

从图 2-3 可见，当 $\delta_i = 0$ 时，y 值最大，即 x_i 的出现概率最大。此 x_i 即为平均值 $\bar{x}$。由于曲线是对称的，出现绝对值相等的正误差与负误差的概率一样，而且误差越大，出现的概率越小。从对正态分布曲线积分计算可知，一般情况下，误差 $\delta > 3\sigma$ 出现的可能性只占所有可能出现误差的 1%。因此，在测量数据中，误差超过 3σ 的，可以认为不属于偶然误差的范畴，应当作坏值予以舍弃。

图 2-3 中三条曲线表示在不同实验条件下测得的结果。可见，测量的精密度指数 h 越大（即 σ 值越小），分布曲线则越收敛；反之，曲线则越发散。

3. 误差的表示

设 $x_1, x_2, \cdots, x_n$ 是一组观测数据，其算术平均值为

$$\bar{x} = \frac{1}{n}\sum_{i=1}^{n} x_i$$

误差为

$$a_i = x_i - x \quad (i = 1, 2, \cdots, n)$$

离差为

$$v_i = x_i - \bar{x} \quad (i = 1, 2, \cdots, n)$$

真值 x 对平均值的误差为

$$\delta = |\bar{x} - x|$$

（1）算术平均误差

算术平均误差也叫平均误差，即离差的绝对值的算术平均值，即

$$\eta = \frac{\sum_{i=1}^{n} |v_i|}{n}$$

算术平均误差的优点是计算简单，缺点是无法表示出各次测量值之间彼此符合的情况，即反映测量精密度时不够灵敏。若对同一测量有两组数据，第一组观测中偏差彼此接近，而另一组观测中偏差有大、中、小三种，但对这两组不同的观测所得平均误差可能相同。

（2）标准误差

标准误差也叫中误差或均方误差，即各个误差平方和的平均值的平方根，即

$$\sigma = \sqrt{\frac{\sum_{i=1}^{n} a_i^2}{n}} = \sqrt{\frac{\sum_{i=1}^{n}(x_i - x)^2}{n}}$$

当观测次数较大时，
$$\sigma = \sqrt{\sum_{i=1}^{n} v_i^2/(n-1)} = \sqrt{\sum_{i=1}^{n}(x_i - \bar{x})^2/(n-1)}$$

标准误差不取决于观测中个别误差的符号，对观测值中的较大误差或较小误差反映比较灵敏，是表示精密度较好的方法。

(3) 概率误差

概率误差也叫或然误差，它是这样一个数，绝对值比它大的误差与绝对值比它小的误差出现的可能性一样大，即
$$P(|a| \leqslant \gamma) = \frac{1}{2}$$

将误差按绝对值的大小顺序排列后，序列的中位数就是概率误差。

按排列方式求概率误差在实际应用中比较困难，同时只有当 n 值很大时才较可靠。

标准误差、平均误差和概率误差三者的关系为
$$\sigma > \eta > \gamma$$

(4) 绝对误差与相对误差

绝对误差是测量值与真值之差，相对误差是绝对误差与真值之比。
$$绝对误差 = 测量值 - 真值$$
$$相对误差 = \frac{绝对误差}{真值}$$

绝对误差的单位与被测量的单位相同，而相对误差则是无因次的，因此不同物理量的相对误差可以相互比较。另外，绝对误差的大小与被测量的测量值无关，而相对误差不仅与绝对误差有关，还与被测量的测量值有关。因此，不论是比较各种测量的精密度，还是评定测量结果的质量，采用相对误差都更为合理。

4. 误差分析

在实验研究中，所需要的通常不是直接测量的结果，而是把一些直接测量值代入一定的关系式中，再计算出所需要的值。误差分析的基本任务是查明直接测量的误差对函数（间接测量值）误差的影响，从而找出函数的最大误差来源，以便合理地配置仪器和选择实验方法。

误差分析只限于对结果最大误差的估计，因此对各直接测量值只需预先知道其最大误差范围即可。当系统误差已经校正，而操作控制又足够精密时，通常可用仪器读数精密度来表示测量误差范围，如分析天平是 ± 0.0002g，50mL 滴定管是 ± 0.02mL，贝克曼温度计是 ± 0.002℃，$\frac{1}{10}$ 分度水银温度计是 ± 0.02℃等。

但是，有不少例子说明操作控制精密度与仪器精密度不相符合。例如，恒温系统温度的无规律变化是 ± 1℃，而测温用的温度计的精密度是 ± 0.1℃，这时的测温误差主要由温度控制的精密度所决定。

在估计函数的最大误差时，应考虑到最不利的情况是直接测量值的正、负误差不能对消，从而引起误差积累，故算式中各直接测量值的误差取绝对值。

设函数为 $N = f(x, y, z \cdots)$，全微分
$$dN = \left(\frac{\partial N}{\partial x}\right) dx + \left(\frac{\partial N}{\partial y}\right) dy + \left(\frac{\partial N}{\partial z}\right) dz + \cdots$$

$$\frac{dN}{N} = \frac{1}{f(x,y,z,\cdots)}\left[\left(\frac{\partial N}{\partial x}\right)dx + \left(\frac{\partial N}{\partial y}\right)dy + \left(\frac{\partial N}{\partial z}\right)dz + \cdots\right]$$

设各测定量的绝对误差 Δx、Δy、$\Delta z\cdots$ 的值都很小，可用其代替上式中的全微分 dx、dy、$dz\cdots$ 并且在估计函数 N 的最大误差时，是取各测定值误差的绝对值加和，则

$$\Delta N = \left|\frac{\partial N}{\partial x}\right|\Delta x + \left|\frac{\partial N}{\partial y}\right|\Delta y + \left|\frac{\partial N}{\partial z}\right|\Delta z + \cdots$$

$$\frac{\Delta N}{N} = \frac{1}{f(x,y,z,\cdots)}\left[\left|\frac{\partial N}{\partial x}\right|\Delta x + \left|\frac{\partial N}{\partial y}\right|\Delta y + \left|\frac{\partial N}{\partial z}\right|\Delta z + \cdots\right] \quad (2\text{-}4)$$

或

$$d\ln N = d\ln f(x,y,z\cdots) \approx \Delta N/N$$

由此可见，欲求任意函数的相对平均误差，也可先取函数的自然对数，然后再微分，这时就可直接得到相对误差。

表 2-1 中列出了常见函数相对误差的两种表达式。

表 2-1 常见函数的相对误差

函数名称	函数式	相对平均误差	相对标准误差
加法	$N = x + y$	$\pm\left(\frac{\|\Delta x\| + \|\Delta y\|}{x + y}\right)$	$\pm\frac{1}{x+y}\sqrt{\sigma_x^2 + \sigma_y^2}$
减法	$N = x - y$	$\pm\left(\frac{\|\Delta x\| + \|\Delta y\|}{x - y}\right)$	$\pm\frac{1}{x-y}\sqrt{\sigma_x^2 + \sigma_y^2}$
乘法	$N = xy$	$\pm\left(\frac{\|\Delta x\|}{x} + \frac{\|\Delta y\|}{y}\right)$	$\pm\sqrt{\frac{\sigma_x^2}{x^2} + \frac{\sigma_y^2}{y^2}}$
除法	$N = \frac{x}{y}$	$\pm\left(\frac{\|\Delta x\|}{x} + \frac{\|\Delta y\|}{y}\right)$	$\pm\sqrt{\frac{\sigma_x^2}{x^2} + \frac{\sigma_y^2}{y^2}}$
幂	$N = x^n$	$\pm\left(n\frac{\Delta x}{x}\right)$	$\pm\frac{n}{x}\sigma_x$
对数	$N = \ln x$	$\pm\left(\frac{\Delta x}{\ln x}\right)$	$\pm\frac{\sigma_x}{x\ln x}$

下面以计算函数的相对平均误差为例，讨论误差分析的三个应用。

(1) 在确定的实验条件下，求函数的最大误差和误差的主要来源。

【例 2-2】 以苯为溶剂，用凝固点降低法测定萘的摩尔质量时，用下式计算。

$$M = \frac{1000 k_f m_B}{(T_f^* - T_f)m_A}$$

式中，m_A 与 m_B 分别为纯苯和萘的质量；T_f^* 和 T_f 分别为纯苯与溶液的凝固点温度；k_f 为苯的凝固点降低常数，$k_f = 5.12$；M 为萘的摩尔质量。

$$\frac{\Delta M}{M} = \frac{|\Delta m_B|}{m_B} + \frac{|\Delta m_A|}{m_A} + \frac{|\Delta(T_f^* - T_f)|}{T_f^* - T_f} \quad \text{（误差积累）}$$

若用分析天平称取 $m_B = 0.2000 \text{g}$，其称量误差为 $\Delta m_B = \pm 0.0002 \text{g}$；用工业天平称取 $m_A = 20.00 \text{g}$，其称量误差 $\Delta m_A = \pm 0.04 \text{g}$；用贝克曼温度计测量温差 $T_f^* - T_f = 0.300 \text{℃}$，其测量误差 $\Delta(T_f^* - T_f) = \pm 0.002 \text{℃}$，那么萘的摩尔质量的最大相对误差为

$$\frac{\Delta M}{M} = \frac{0.0002}{0.2000} + \frac{0.04}{20.00} + \frac{0.002}{0.300} = 0.97\%$$

各步误差对总误差的贡献

分析天平	$\dfrac{0.0002/0.2000}{0.0097}=10.31\%$
工业天平	$\dfrac{0.04/20.00}{0.0097}=20.62\%$
贝克曼温度计	$\dfrac{0.002/0.300}{0.0097}=68.73\%$

由此可见，在上述条件下，测求萘的摩尔质量的最大相对误差可达±0.97%。其主要来源为凝固点下降的温差测定，即 $\Delta(T_f^* - T_f)/(T_f^* - T_f)$ 项。因此，要提高整个实验的精密度，关键在于选择更精密的温度计和在测量温差时要特别准确，即需增加温度测量的准确度。因为若对溶剂的称量改用分析天平并不会明显提高结果的准确度，相反却造成仪器与时间的浪费。

若采用增大溶液浓度的方法，从而增加 m_B 和温差，使误差 $\Delta(T_f^* - T_f)/(T_f^* - T_f)$ 和 $\dfrac{\Delta m_B}{m_B}$ 减小，也是不可行的。因为溶液浓度增大后就不符合稀溶液条件，应用上述稀溶液公式即引入了系统误差。

由上述计算也可以看出，虽然工业天平的误差较大，但因溶剂用量较大，使用工业天平其相对误差仍然不大，而因溶质的用量小，就需用分析天平。

（2）怎样选用不同精密度的仪器，以满足函数最大允许误差的要求。

【例 2-3】 用最大气泡压力法测定液体表面张力时按下式计算

$$\sigma = \frac{r}{2}\rho g \Delta h$$

式中，σ 为液体的表面张力；Δh 为压力计两臂的读数差；g 为重力加速度；ρ 为压力计内液体的密度；r 为毛细管半径。

要求表面张力测定的相对误差不超过 0.1%，则对各直接测量值的要求如何？

解： 若已知各直接测量值的近似值为：$r = 0.20\text{mm} = 2.0 \times 10^{-4}\text{m}$；$\Delta h = 45\text{mm} = 4.5 \times 10^{-2}\text{m}$；$\rho$ 和 g 取自手册，为常数，可认为不引入误差。

$$\frac{\Delta \sigma}{\sigma} = \pm \left(\left| \frac{\Delta r}{r} \right| + \left| \frac{\Delta h}{h} \right| \right) = \pm 0.001$$

令各测量值对函数误差的贡献相等，即 $\left| \dfrac{\Delta r}{r} \right| = \left| \dfrac{\Delta h}{h} \right|$，所以

$$\frac{\Delta r}{r} = \pm 0.0005, \quad \frac{\Delta h}{h} = \pm 0.0005$$

因此，各测量值的绝对误差为

$$\Delta r = \pm 0.0005 r = \pm 0.0005 \times 2.0 \times 10^{-4}\text{m} = \pm 1.0 \times 10^{-7}\text{m}$$

$$\Delta h = \pm 0.0005 h = \pm 0.0005 \times 4.5 \times 10^{-2}\text{m} = \pm 2.25 \times 10^{-5}\text{m}$$

显然，选择读数显微镜测量毛细管半径也不能达到如此高的精密度，必须采用其他更精密的测量手段。实际上，我们用一已知表面张力的液体作参比，用同一毛细管和压力计来进行测定，则

$$\sigma_1 = \frac{\sigma_2 \rho_1}{\rho_2 \Delta h_2} \cdot \Delta h_1 = k \Delta h_1$$

$$\frac{\Delta \sigma_1}{\sigma_1} = \left| \frac{\Delta h_1}{h_1} \right| = \pm 0.001$$

所以

$$\Delta h_1 = \pm 0.001 h_1 = \pm 0.001 \times 4.5 \times 10^{-2} \text{m} = \pm 4.5 \times 10^{-5} \text{m} = \pm 0.045 \text{mm}$$

可见，此误差项要求一般很容易达到，所以能满足所提出的要求。

(3) 在一定的仪器精密度下，怎样选择最佳实验条件才能使测量结果的误差最小？

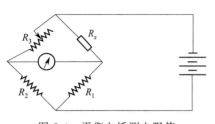

图 2-4　平衡电桥测电阻值

【例 2-4】　如图 2-4 所示的由四个电阻组成的平衡电桥，平衡时待测电阻 R_x 为

$$R_x = \frac{R_1}{R_2} \cdot R_3$$

$$\frac{\Delta R_x}{R_x} \approx \frac{\mathrm{d}R_x}{R_x} = \frac{\mathrm{d}(R_1/R_2)}{R_1/R_2} + \frac{\mathrm{d}R_3}{R_3}$$

平衡时，$\dfrac{\mathrm{d}R_3}{R_3}$ 为定值，欲求 $\dfrac{\Delta R_x}{R_x}$ 最小，应令 $\mathrm{d}(R_1/R_2) = 0$，则

$$\mathrm{d}(R_1/R_2) = \left[\frac{\partial (R_1/R_2)}{\partial R_1}\right]_{R_2} \mathrm{d}R_1 + \left[\frac{\partial (R_1/R_2)}{\partial R_2}\right]_{R_1} \mathrm{d}R_2 = 0$$

$$\frac{1}{R_2}\mathrm{d}R_1 - \frac{R_1}{R_2^2}\mathrm{d}R_2 = 0$$

因为

$$\mathrm{d}R_1 = \mathrm{d}R_2 \neq 0$$

$$\frac{1}{R_1} - \frac{R_1}{R_2^2} = 0$$

所以

$$R_1 = R_2$$

即只有当 $R_1 = R_2$，即采用等臂电桥时，测得的 R_x 的相对误差 $\dfrac{\Delta R_x}{R_x}$ 最小。

最后考虑当两个量 B 和 C 各具有标准误差 σ_B 和 σ_C，由它们计算第三个量 D 的效应。和或差（$D = B \pm C$）的标准误差是

$$\sigma_D = \pm \sqrt{\sigma_B^2 + \sigma_C^2}$$

如果 D 是 B 和 C 的幂乘积，如

$$D = B^b C^c$$

并且 B 和 C 仍有标准误差 σ_B 和 σ_C，则

$$\sigma_D = \pm \sqrt{b^2 \left(\frac{\sigma_B}{B}\right)^2 + c^2 \left(\frac{\sigma_C}{C}\right)^2} \times D$$

第四节　计数规则和计算规则

任何测量结果的准确度都是有限的，我们只能以一定的近似值来表示这些测量结果。因此，测量结果计算的准确度就不应超过测量结果的准确度。如果任意地将近似值保留过多的位数，反而会歪曲测量结果的真实性。下面的计数规则和计算法则是科学计算中普遍应用的规则。

1. 计数规则

(1) 当记录一个量的数值时，只需写出它的有效数字，并尽可能包括测量误差。如果不确定度未知，可以假定最后一位数字的 ± 1 个单位或 0.5 个单位，并只保留一位可疑数字。

(2) 除另有规定外，可疑数字表示末位上有 ± 1 个单位（或 0.5 个单位）的误差。

(3) 表示精确度时，大多数情况下只取一位有效数字，最多有两位有效数字。

(4) 在数据计算中,当有效数字的位数确定之后,其余数字一律舍去。

舍弃多余数字的过程称为数字修约过程,它所遵循的规则称为数字修约规则。过去人们常用"四舍五入"数字修约规则。其缺点是遇 5 就进 1,总是出现正误差。现在改用国家标准规定的"四舍六入五留双"数字修约规则。即在拟舍弃的那部分数字中,其左端第 1 个数字≤4 时则舍;≥6 时则入。左端第 1 个数字是 5 时,则要视 5 右面的数字而定。若 5 右面没有其他数字或皆为 0 时,在 5 左面的数字为偶数时则舍 5,5 左面的数字为奇数时则进 1,即处理后末位数字都成为偶数。但若 5 右面还有不为 0 的任何数字时,则不论 5 左面的数字是奇数还是偶数都要进 1。

2. 计算法则

(1) 不超过十个近似值相加减时,要把小数位较多的数进行修约,使比小数位数最少的数多一位小数;计算结果保留的小数位数要与原近似值中小数位数最少者相同。

(2) 近似值相乘除时,各因子保留的位数应比有效数字位数最少者的位数大 1,所得积(或商)的可靠数字的位数与原近似值中有效数字位数最少者的位数相同。

(3) 近似值乘方或开方时,原近似值有几位有效数字,计算结果就可以保留几位有效数字。

(4) 在对数与反对数运算中,对数的小数点后位数与真数的有效数字位数相同(对数的整数部分不计入有效数字位数)。

注意:① 在计算过程中,中间结果应比上述计算法则所要求的位数多一位,但在进入最后一次计算时,这一位"后备数字"仍要舍入。

② 两个相差不多的数相减或用近似于零的数作除数,常常使计算结果产生较大的相对误差。如有可能,应把计算程序组织好,尽量避免它。比如,一元二次方程 $ax^2+bx+c=0$ 的两个根是

$$x_1 = \frac{-b+\sqrt{b^2-4ac}}{2a}, \quad x_2 = \frac{-b-\sqrt{b^2-4ac}}{2a}$$

当 $b>0$,且 $b^2 \gg 4ac$,用上式求 x_1 会得到错误的结果,应将 x_1 的公式变形,改用公式

$$x_1 = \frac{-2c}{b+\sqrt{b^2-4ac}}$$

进行计算。

3. 预定精密度的计算法则

(1) 如果计算结果是由加减法求得的,那么,原始数据的小数位数应比结果所要求的多一位。

(2) 如果计算结果是由乘、除、乘方、开方求得的,那么,原始数据的有效数字位数应比结果所要求的数字位数多一位。

(3) 四个或四个以上的近似值的算术平均值的有效数字的位数可增加一位。

(4) 计算式中的常数 π、e、$\sqrt{2}$、$\frac{1}{2}$ 和一些取自手册的常数可以按需要取有效数字。例如,当计算式中有效数字最低者是三位,则上述常数取三位或四位即可。

表示测量结果的误差时,应指明是平均误差、标准误差、概率误差或是操作者估计的最大误差。

第五节 作 图 法

用作图法表示实验数据，能清楚地显示出研究对象的变化规律和性质，如极大、极小、转折点、周期性、数量的变化速率等。从图上易于找出所需数据，同时便于数据的分析比较和进一步求得函数关系的数学表示式。如果曲线比较准确，则可用图解微分和图解积分。有时还可用作图外推，以求得实验难以获得的量。

下面简略介绍作图法的要点。

(1) 坐标纸的选择

直角毫米坐标纸通常适合大多数作图，有时也用半对数或对数坐标纸，特殊需要时可用三角坐标纸或极坐标纸。

(2) 坐标标度的选择

一般把独立变量选为横坐标。至于变量中何者为独立变量，多数情况下取决于实验方法。例如，测定温度与比热容之间的关系是按照预定温度进行测定的，则"预定温度"就是独立变量。

所选定的坐标标度应便于能快速从图上读出任一点的坐标值。通常应使单位坐标格子所代表的变量为简单整数（选为 1、2、5 的倍数，不宜用 3、7、9 的倍数）。如无特殊需要，则不必以坐标原点作标度起点，而从略低于最小测量值的整数开始，以充分利用坐标纸，使作图紧凑，同时读数精密度也得到提高。图 2-5(a) 与图 2-6(a) 坐标标度较好，而图 2-5(b) 与图 2-6(b) 的坐标标度则不太恰当。

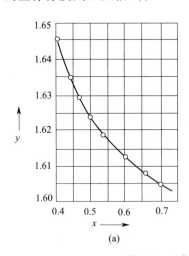 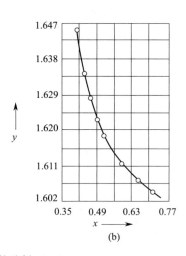

(a)   (b)

图 2-5 坐标标度的选择（一）

(3) 坐标比例尺的选择

应使变量的绝对误差在图上相当于坐标的 0.5～1 个最小分度，如以 $\pm\Delta x$、$\pm\Delta y$ 分别表示两个变量的绝对误差，则 $\pm\Delta x$、$\pm\Delta y$ 在毫米坐标纸上相当于 1～2mm。

比例尺选择不当，还会使曲线变形，甚至由此得出错误的结论。例如，按下列 x 与 y 的数值作图，对于不同的纵轴比例尺及测量误差，可以做出如图 2-7～图 2-9 所示的几种曲线形式。

x: 1.0   2.0   3.0   4.0

y: 8.0   8.2   8.3   8.0

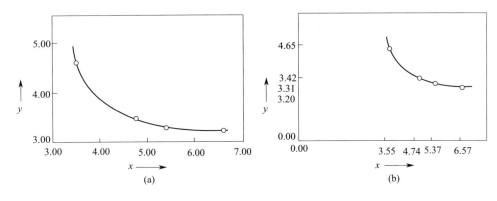

图 2-6 坐标标度的选择（二）

表面看来，图 2-7 中，y 似乎不随 x 而变，而从图 2-9 可看出，当 $x=3$ 时有明显的极大值。现在来考查作图精密度是否与测量精密度吻合。

当 y 的测量精密度是 $\Delta y=\pm 0.2$，x 的测量精密度是 $\Delta x=\pm 0.05$，从图 2-7 纵轴可以确定出 ± 0.2 个单位，横轴可确定 ± 0.05 个单位，因此测量和作图的精密度是吻合的，而 y 的测量精密度太低，显然不能揭示 x 与 y 之间的变化规律。

如将纵轴的作图精密度提高，则由于测量误差过大，单凭提高作图精密度，其后果是测量点在图上的位置极不准确，因而无法连成曲线。

如果 y 的测量误差 $\Delta y=\pm 0.02$，而 x 的测量误差仍是 $\Delta x=\pm 0.05$，则从图 2-8 的纵轴难以读出 $\pm \Delta y$ 的数值，显然 y 轴的读数精密度与测量精密度不符。当采用图 2-9 的比例尺后，x 与 y 之间的规律就能清楚地显示出来。

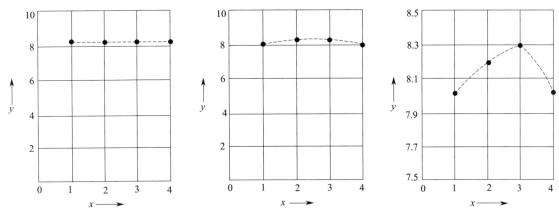

图 2-7 坐标比例尺的选择（一）　　图 2-8 坐标比例尺的选择（二）　　图 2-9 坐标比例尺的选择（三）

采用上述方法作图有时会使图纸过于庞大，不便使用和读数，实际作图时经常使坐标尺有所缩小，但一般来说，图纸不能小于 $10\mathrm{cm}\times 10\mathrm{cm}$。

作图过程中有时发现有个别远离曲线的点，若没有根据可判定 x 与 y 在这一区间有突变存在，则只能认为是来自过失误差。如果经检查计算未发现错误，又不能重作实验来进行验证，则绘制曲线时只好不考虑此点。如果重作实验仍然得到同一结果，就应引起重视，并在这一区间重复进行较仔细的测量。通常对于有规律的平滑曲线可不必取过多的点，但在曲线极大、极小和转折处应多取些点，才能保证曲线所表示的规律是可靠的。

曲线应尽可能贯穿更多的点，并使处于光滑曲线两边的点数约各占一半，以使曲线能近似地代表测量的平均值。绘制曲线可用曲线板或曲线尺，要尽可能使其光滑。点子可用"·、△、×、★、※、*"等不同符号表示，且必须在图上明显地标出。点子应有足够的大小，它可粗略表明测量误差的范围。

作图时先用铅笔轻微标绘，然后用墨水复绘，干后将铅笔线擦掉。每个图应有简明的标题，并标明坐标轴所代表的变量名称及单位，作图所依据的条件说明等。如果数据取自文献手册，应注明来源、作者及日期。

直线是曲线中最易作的线，用起来也最方便。为了使函数关系能在图上表示成直线，常可将某些函数直线化，即将函数 $y=f(x)$ 转换成线性函数。通过选择新的变量 $X=\psi(x,y)$ 和 $Y=\Phi(x,y)$ 来代替变量 x 和 y，以得出直线方程式

$$Y=A+BX$$

表 2-2 列出几个常见的例子。

表 2-2 常见的例子

方程式	变　换	直线化后得到的方程式
$y=ae^{bx}$	$Y=\lg y$	$Y=\lg a+(b\lg e)x$
$y=ax^b$	$Y=\lg y, X=\lg x$	$Y=\lg a+bX$
$y=\dfrac{1}{a+bx}$	$Y=\dfrac{1}{y}$	$Y=a+bx$
$y=\dfrac{x}{a+bx}$	$Y=\dfrac{x}{y}$	$Y=a+bx$

将函数直线化后，除方便作图以外，还容易由直线的斜率和截距求得方程式中的系数和常数。

一般有三种方法可用来确定直线的斜率和截距，即作图法、平均值法和最小二乘法。作图法最简单，适用于数据较少且不十分精密的场合；平均值法较麻烦，但当有 6 个以上比较精确的数据时结果就比作图法好；最小二乘法最复杂，但结果最好，它需要有 7 个以上较精确的数据。现用上述三种方法处理下列数据。

x：　　1.0　　3.0　　5.0　　8.0　　10.0　　15.0　　20.0
y：　　5.4　　10.5　　15.3　　23.2　　28.1　　40.4　　52.8

① 作图法　用上列数据做出图 2-10，其函数关系用如下直线方程表示：

$$y=mx+b$$

从直线上取两点的坐标值，计算直线的斜率和截距。

$$m=\frac{y_2-y_1}{x_2-x_1}=\frac{47.8-13.0}{18.0-4.0}=2.5$$

$$b_1=y_1-mx_1=3.0$$

$$b_2=y_2-mx_2=2.8$$

$$b=\frac{b_1+b_2}{2}=2.9$$

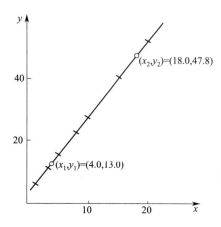

图 2-10　直线方程表示的函数关系曲线

b 也可从直线与纵轴的交点直接读出。

将 m 和 b 代入直线方程，得
$$y = 2.5x + 2.9$$

② 平均值法　将数据代入直线方程
$$y = mx + b$$

再将所得直线方程分为两组，各组方程式数目近乎相等，然后将两组方程式相加，得到下列两个方程式：
$$\sum_{i=1}^{k} y_i = m \sum_{i=1}^{k} x_i + kb$$
$$\sum_{i=k+1}^{n} y_i = m \sum_{i=k+1}^{n} x_i + (n-k)b$$

联立两方程式即可求得 m 和 b。

通常将实验数据按实验的先后次序分成数目相等或接近相等的两组，这种组合法常能得到满意的结果。现将上述前四组与后三组数据各合为一组。

$$
\begin{array}{ll}
5.4 = 1.0m + b & \\
10.5 = 3.0m + b & 28.1 = 10.0m + b \\
15.3 = 5.0m + b & 40.4 = 15.0m + b \\
23.2 = 8.0m + b & 52.8 = 20.0m + b \\
\hline
54.4 = 17.0m + 4b & 121.3 = 45.0m + 3b
\end{array}
$$

联立两方程式可得
$$m = 2.5, \quad b = 3.0$$

代入直线方程即得
$$y = 2.5x + 3.0$$

③ 最小二乘法　用最小二乘法处理上述数据时，直线方程的 m 和 b 用下列公式计算（公式来源这里不作推导）。

$$m = \frac{n \sum_{i=1}^{n} x_i y_i - (\sum_{i=1}^{n} x_i)(\sum_{i=1}^{n} y_i)}{n \sum_{i=1}^{n} x_i^2 - (\sum_{i=1}^{n} x_i)^2}$$

$$b = \frac{1}{n} \sum_{i=1}^{n} y_i - \frac{m}{n} \sum_{i=1}^{n} x_i$$

经计算可得所求直线方程式为
$$y = 2.5x + 3.0$$

三种方法所得结果比较起来，以最小二乘法最准，由于计算机的普及，此种方法应用最多。

最后强调一下关于测量、计算和作图三者的精密度配合问题。在进行测量时，应使各直接测量的精密度互相配合，不应使其中某些测得过分精密，而另一些则精密度不够，致使最后结果仍达不到精密度要求；计算时则应根据测量精密度保留一定的有效数字，不得任意提高计算精密度；作图时则应适当选择坐标比例尺，使读数精密度能与前两者的精密度吻合。

第三章 实 验

实验一 燃烧焓的测定

【实验目的】

1. 掌握有关热化学实验的一般知识和技术。
2. 掌握氧弹的构造及使用方法。
3. 用氧弹式量热计测定蔗糖的燃烧焓。

【预习要求】

1. 明确燃烧焓的定义。
2. 了解氧弹式量热计的基本原理和使用方法。
3. 熟悉数字贝克曼温度计的使用方法。
4. 了解氧气钢瓶和减压阀的使用方法。

【实验原理】

当产物的温度与反应物的温度相同,在反应过程中只做体积功而不做其他功时,化学反应吸收或放出的热量,称为此过程的热效应,通常亦称为"反应热"。热化学中定义:在指定温度和压力下,1mol 物质完全燃烧成同一温度的指定产物的焓变,称为该物质在此温度下的摩尔燃烧焓,记作 $\Delta_c H_m$。通常,C、H 等元素的指定燃烧产物分别为 $CO_2(g)$、$H_2O(l)$ 等。由于上述条件下 $\Delta H = Q_p$,因此 $\Delta_c H_m$ 也就是 1mol 该物质燃烧反应的定压热效应 Q_p。

在实际测量中,燃烧反应常在定容条件下进行(如在氧弹式量热计中进行),这样直接测得的是反应的定容热效应 Q_V(1mol 物质燃烧的定容热效应即为燃烧反应的摩尔燃烧内能变 $\Delta_c U_m$)。若反应系统中的气体物质均可视为理想气体,根据热力学推导,$\Delta_c H_m$ 和 $\Delta_c U_m$ 的关系为

$$\Delta_c H_m = \Delta_c U_m + RT \sum_B \nu_{B,g} \tag{3-1-1}$$

式中 T——反应温度,K;

$\Delta_c H_m$——摩尔燃烧焓,J·mol^{-1};

$\Delta_c U_m$——摩尔燃烧内能变,J·mol^{-1};

$\nu_{B,g}$——燃烧反应式中各气体物质的化学计量数,产物取正值,反应物取负值。

通过实验测得 Q_V,根据上式就可计算出 Q_p,即燃烧焓 $\Delta_c H_m$。测量热效应的仪器称作量热计。量热计的种类很多,本实验采用氧弹式量热计进行萘的燃烧焓的

测定。

在盛有定量水的容器中，放入内装有 $m(\text{g})$ 的样品和氧气的密闭氧弹，然后使样品完全燃烧，放出的热量传给水及仪器，引起温度上升。设仪器（包括内水桶、氧弹、测温器件、搅拌器和水）的热容为 C（量热计温度每升高 1K 所需的热量），燃烧前、后的温度为 T_1、T_2，则此样品的摩尔燃烧内能变为

$$\Delta_c U_m = -\frac{M}{m} C (T_2 - T_1) \tag{3-1-2}$$

式中　$\Delta_c U_m$ ——样品的摩尔燃烧内能变，$\text{J} \cdot \text{mol}^{-1}$；

　　　M ——样品的摩尔质量，$\text{g} \cdot \text{mol}^{-1}$；

　　　m ——样品的质量，g；

　　　C ——仪器的热容，$\text{J} \cdot \text{K}^{-1}$，也称能当量或水当量。

仪器热容的求法是用已知燃烧焓的物质（本实验用苯甲酸），放在量热计中燃烧，测其始、末温度，按上式即可求出 C。

在较精确的实验中，镍丝和棉线等的燃烧焓校正都应予以考虑。

氧弹式量热计有两类：一类为绝热式氧弹式量热计，装置中有温度控制系统，在实验过程中，环境与实验体系的温度始终相同或始终略低 0.3℃，热损失可以降低到极微小的程度，因而，可以直接测出初态温度和最高温度；另一类为环境恒温量热计，量热计的最外层是温度恒定的水夹套，实验体系与环境之间有热交换，因此需由温度-时间曲线（雷诺校正曲线）确定初始温度和最高温度。本实验采用的是环境恒温量热计。下面将该类量热计的原理和实验方法作一介绍。

【环境恒温量热计的结构原理】

环境恒温量热计的结构如图 3-1-1 所示。

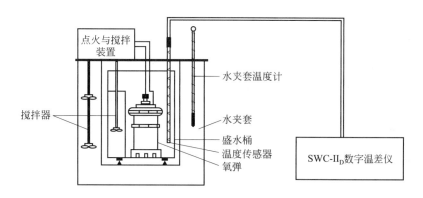

图 3-1-1　环境恒温量热计

这种量热计的主要特点是外筒温度与内筒温度在实验过程中不能保持一致，实验体系与环境之间可以发生热交换，因此需由温度-时间曲线确定初态温度和终态温度，进而求出燃烧前后体系温度的变化 ΔT。由雷诺校正曲线求取 ΔT 的方法如图 3-1-2、图 3-1-3 所示。详细步骤如下。

将实验测量的系统温度对时间数据作图，得曲线 $FHDG$（见图 3-1-2），在样品燃烧之

前,由于系统被搅拌做功和微弱吸热,系统温度随时间微弱升高,图中 H 相当于开始燃烧的起点,点火时,样品燃烧放出的热量使温度升高,达到最高点 D,见 HD 段。取 H、D 两点对应的温度的平均值 $(T_1+T_2)/2$ 为 J 点,经过 J 点作横坐标的平行线 JI,与曲线 $FHDG$ 相交于 I 点,然后过 I 点作垂线 ab,此线与 FH 线和 DG 线的延长线交于 A 和 C 两点,则 A 点与 C 点的温差即为校正后的温度升高值 ΔT。$A'A$ 表示环境辐射进来的热量所造成的量热计温度的升高,这部分是必须扣除的;而 $C'C$ 表示量热计向环境辐射出热量所造成的量热计温度的降低,这部分是必须加入的。由此可见,A、C 两点的温度差客观地表示了由于样品燃烧促使量热计温度升高的数值。

有时量热计的绝热情况良好、漏热小,而搅拌器功率大,不断引进微量能量,使得燃烧后不出现最高点(见图 3-1-3)。这种情况下 ΔT 仍然可以按照同样方法校正。

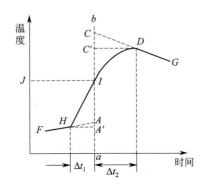

图 3-1-2 绝热较差时的雷诺校正曲线

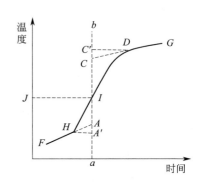

图 3-1-3 绝热良好时的雷诺校正曲线

【仪器与试剂】

1. 仪器

环境恒温量热计 1 套;氧气钢瓶 1 只;氧气表 1 只;压片机 1 套;数字贝克曼温度计 1 支;水银温度计(0~50℃,最小分度为 0.1℃)1 只;万用表 1 个;台秤 1 台;分析天平 1 台;活扳手 1 只;不锈钢镊子 1 只;容量瓶(1000 mL)2 只。

2. 试剂

苯甲酸;蔗糖;镍丝;棉线。

【实验步骤】

1. 仪器热容的测定

测定燃烧焓要用仪器的热容,但每套仪器的热容都不同,必须预先测定。仪器的热容在数值上等于量热体系温度每升高 1K 所需的热量。测定仪器热容的方法,是用已知燃烧焓值的苯甲酸在氧弹内燃烧,放出热量,使量热体系温度升高 ΔT,则仪器的热容 C 为

$$C = -\frac{\Delta_c U_m \dfrac{m}{M}}{\Delta T}$$

仪器热容的测定步骤如下：

（1）取苯甲酸 0.8～1g，倒在压片机外模内（见图 3-1-4），徐徐旋转压片机丝杠，使内模将样品压紧成片状。取出苯甲酸片，用小毛刷刷去外壁黏附的样品屑，然后用准确称量的 12cm 的棉线缠在样品片上系好，再用分析天平准确称量后备用。

（2）截取长度为 10cm 的镍丝，用分析天平准确称量备用。

（3）拧开氧弹盖放在专用支架上，将弹内洗净，擦干。用镍丝穿过样品片上的棉线，将镍丝两端分别缠在弹盖的两支电极上（见图 3-1-5），使已准确称量的样品片悬挂在不锈钢燃烧皿内（注：镍丝不能与燃烧皿壁接触）。

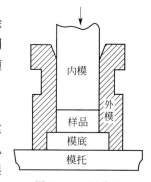

图 3-1-4 压片机

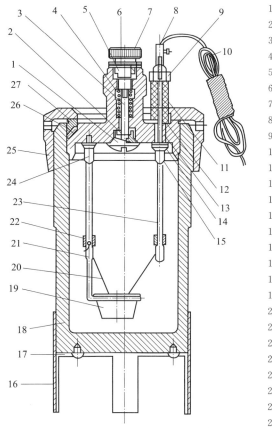

1—气阀；
2—气阀垫圈；
3—气阀柄；
4—气阀弹簧；
5—方杆螺丝；
6—弹顶垫圈；
7—弹顶；
8—接线夹；
9—导电接头；
10—导线；
11—收紧绝缘垫圈；
12—锥砂垫圈；
13—绝缘垫柱；
14—云母垫片；
15—导电柱垫帽；
16—氧弹支架；
17—底脚；
18—筒体；
19—燃烧皿；
20—引火丝；
21—搁杯架；
22—导电压圈；
23—导电柱；
24—搁杯固定螺帽；
25—筒盖；
26—筒盖垫圈；
27—压环

图 3-1-5 氧弹测定器装备图

（4）小心地旋紧氧弹盖。弹顶垫圈 6 与氧气钢瓶上的氧气充气阀连接，旋紧充气阀螺口，使弹顶垫圈 6 的上平面与充气阀螺口内平面相切，打开氧气钢瓶上的阀门，旋转减压阀，使表上指针指到 0.8MPa，氧气即充入弹内。关闭氧气钢瓶阀门及减压阀，拧下充气阀螺栓，再用万用表检查两电极是否为通路。若不通，则需放掉氧气，打开弹盖，重新缠紧镍丝；若是通路，则可作燃烧之用。

（5）将充氧气之后的氧弹放入量热计内筒中，用容量瓶准确量取自来水 3000mL，沿筒壁小心倒入内筒，然后检查氢弹是否漏气。如有气泡发生，则表示氧弹漏气，须将氧弹取出，排气。重复第（4）步操作。

（6）接上点火电极的导线，将数字贝克曼温度计探头放入内筒，盖好盖板，开动搅拌电动机（不得有摩擦声，否则需调整内筒位置）。

（7）搅拌几分钟，使水温稳定上升（每分钟温度变化小于 0.002℃），然后开秒表，作为实验开始时间，每 1min 读取贝克曼温度计一次，这样继续 5min。自开秒表到点火，称为前期，相当于图 3-1-2 的 FH。

按下点火器开关，通电点火，若点火指示灯熄灭，则表示氧弹内已着火燃烧，立即关闭点火器开关，此时体系温度迅速上升，进入反应期，相当于图 3-1-2 中的 HD。在反应期，温度变化十分迅速，因此从点火开始，每 30s 记录一次温度。如果点火后 2min 内温度变化很小，说明样品未燃烧。点火失败，必须一切从第（1）步开始。当温度升到最高点以后，温度变化缓慢，进入了末期，相当于图 3-1-2 的 DG，读数改为每 1min 一次，继续 5min，停止实验。

（8）关闭电源，小心取出贝克曼温度计，然后取出氧弹，用排气阀插入弹顶垫圈 6，排去废气，打开弹盖，观察弹内。如果有黑色残物或未燃尽的样品，说明燃烧不完全，实验失败。

2. 燃烧内能变的测定

称取 0.8~1.0g 蔗糖，用上述方法进行测定。

【注意事项】

1. 使用氧气钢瓶，一定要按照要求操作，注意安全。向氧弹内充入氧气时，一定不能超过指定的压力，以免发生危险。
2. 镍丝与两电极及样品片一定要接触良好，而且不能出现短路。
3. 测定仪器热容的条件应该与测定样品的条件一致。

【实验记录】

样品质量_____g   镍丝质量_____g   剩余镍丝质量_____g   室温时的贝克曼温度计读数_____℃

前期		反应期		后期	
时间/s	温度/℃	时间/s	温度/℃	时间/s	温度/℃

【数据处理】

1. 用表中的时间-温度关系，作雷诺校正曲线，并求出 ΔT。
2. 用公式

$$(\Delta_c U_m)_{样品} = \left[-C(T_2 - T_1) - (\Delta_c U_m)_{镍丝} m_{镍丝} - (\Delta_c U_m)_{棉} m_{棉} \right] \frac{M_{样品}}{m_{样品}}$$

和实验原理中式(3-1-1) 分别计算量热计的热容和蔗糖的燃烧焓 $\Delta_c H_m$。

(1) 仪器热容的计算

$$C = \frac{-(\Delta_c U_m)_{苯甲酸} m_{苯甲酸} - (\Delta_c U_m)_{镍丝} m_{镍丝} - (\Delta_c U_m)_{棉} m_{棉}}{T_2 - T_1}$$

式中　　　C——仪器的热容，$J \cdot K^{-1}$；

$(\Delta_c U_m)_{苯甲酸}$——苯甲酸的燃烧内能变，$J \cdot g^{-1}$；

$m_{苯甲酸}$——苯甲酸的质量，g；

$(\Delta_c U_m)_{镍丝}$——镍丝的燃烧内能变，$J \cdot g^{-1}$；

$m_{镍丝}$——镍丝在燃烧前后的质量差，g；

T_1——内筒燃烧前的平衡温度，K；

T_2——内筒燃烧后的平衡温度，K；

$(\Delta_c U_m)_{棉}$——棉线的燃烧内能变，$J \cdot g^{-1}$；

$m_{棉}$——棉线的质量，g。

(2) 待测物蔗糖燃烧焓的计算

$$(\Delta_c U_m)_{蔗糖} = \left[-C(T_2 - T_1) - (\Delta_c U_m)_{镍丝} m_{镍丝} - (\Delta_c U_m)_{棉} m_{棉} \right] \times \frac{M_{蔗糖}}{m_{蔗糖}}$$

再由实验原理中式(3-1-1) 计算蔗糖的摩尔燃烧焓 $\Delta_c H_m$。

3. 将实验结果与文献值进行比较，对本实验进行误差分析，计算最大相对误差，并指出哪一个测量值的误差对实验结果的影响最大。

【思考题】

1. 使用氧气钢瓶和减压阀时应注意的事项？
2. 欲测定液体样品的燃烧焓，你能给出测定方案吗？
3. 搅拌过快或过慢有何问题？
4. 在本实验装置中哪些是体系？哪些是环境？热交换如何进行？对结果影响怎样？如何进行温差校正？
5. 容量瓶的准确度是0.1%，请讨论由于加入3000mL水的仪器误差，将引起水当量测定值的相对误差是多少（用平均误差讨论）？水当量是正值还是负值？
6. 如何才能确保氧弹在点火时能使反应物燃烧？如何使用万用表？

【讨论要点】

1. 苯甲酸、棉线、镍丝燃烧热 Q_V 分别为 $-26460 J \cdot g^{-1}$、$-16731.2 J \cdot g^{-1}$、$-3241.67 J \cdot g^{-1}$。
2. 虽可测绝大部分固态可燃物质，对一般训练操作最好采用：蔗糖、葡萄糖、淀粉、萘、蒽等物。沸点高的油类可直接置于燃烧皿中,用引燃物(如棉线)引燃测定;如果是沸点较低的有机物,可将其密封于小玻璃泡中,置于引燃物上,将其烧裂引燃测定。

【考核标准】

实验预习		实验操作		实验报告	
考核内容	成绩	考核内容	成绩	考核内容	成绩
1. 预习报告、记录表格	0.5	1. 量热计的操作	1.5	1. 内容完整	0.5
2. 课前提问(实验原理、操作要点、注意事项等)	0.5	2. 药品称量、压片、充氧	1.0	2. 实验数据	0.5
		3. 温度、时间的记录,氧弹后处理	2.0	3. 数据处理及画图	2.0
		4. 实验室纪律和卫生	0.5	4. 实验误差分析	0.5
				5. 讨论及思考题	0.5
合计	1.0	合计	5.0	合计	4.0

【选作课题】

1. 测定无水硫酸铜和五水硫酸铜的溶解焓,并由此计算五水硫酸铜的水和热。

2. 用多个硝酸钾试样重复溶解与电热操作,再以浓度为横坐标,摩尔溶解焓为纵坐标作图,即得溶解焓 $\Delta_{sol}H_m$(kJ·mol^{-1}) 与浓度 b(mol·kg^{-1}) 的关系曲线,利用此曲线(1) 外推求无限稀释摩尔积分溶解焓;(2) 按 $\Delta_{diff}H_m = \dfrac{d(b\Delta_{sol}H_m)}{dm} = \Delta_{sol}H_m + b\dfrac{d(\Delta_{sol}H_m)}{db}$,求各浓度下的摩尔多微分溶解焓 $\Delta_{diff}H_m$。上式中右端第一项是浓度为 b 时的积分溶解焓,第二项为曲线上 b 处的斜率与 b 的乘积。

附:氧气钢瓶减压阀

氧气钢瓶减压阀如图 3-1-6 所示。

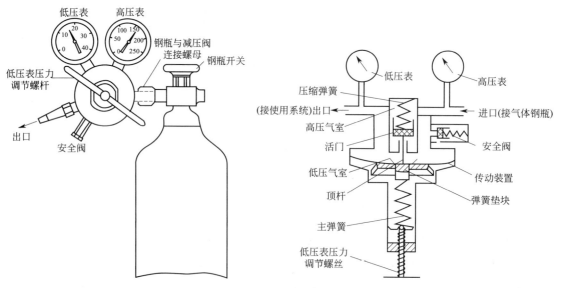

图 3-1-6 氧气钢瓶减压阀外观示意图　　图 3-1-7 氧气钢瓶减压阀工作原理示意图

1. 氧气钢瓶减压阀的工作原理

如图 3-1-7 所示。氧气钢瓶减压阀的高压腔与钢瓶连接,低压腔为气体出口。进口的高压气体由高压室经节流减压后进入低压室,并经出口通往工作系统。高压表的示值为钢瓶内储存气体的压力。低压表的出口压力可由调节螺杆控制。

2. 氧气钢瓶减压阀的使用方法

使用时先打开钢瓶总开关,然后顺时针转动低压表压力调节螺杆,使其压缩主弹簧并带动传动装置薄膜、弹簧垫块和顶杆将活门打开。这样进口的高压气体由高压室经节流减压后进入低压室,并经出口通往工作系统。转动调节螺杆,改变活门开启的高度,从而调节高压气体的通过量并达到所需的减压压力。减压阀都装有安全阀,它是保护减压阀安全使用的装置,也是减压阀出现故障的信号装置。如果由于活门垫、活门损坏或其他原因,导致出口压力自行上升并超过一定许可值,安全阀会自动打开排气。

3. 注意事项

(1) 安装减压阀时应确定其连接规格是否与钢瓶和使用系统的接头一致。减压阀与钢瓶采用半球面连接,靠旋紧螺母来使其完全吻合。因此,在使用时应保持两半球面的光洁,以确保良好的气密效果。安装前可用高压气体吹除灰尘。必要时也可用聚四氟乙烯等材料作垫圈。

(2) 氧气减压阀应严禁接触油脂,以免发生火灾事故。

(3) 减压阀应避免撞击振动,不可与腐蚀性物质相接触。

(4) 停止工作时,应将减压阀中余气放尽,然后拧松调节螺杆,以免弹性元件长久受压变形。

实验二 溶解热的测定

【实验目的】

1. 学会用量热法测定盐类的积分溶解热。
2. 掌握作图外推法求真实温差的原理和方法。
3. 掌握数字贝克曼温度计的使用方法。

【预习要求】

1. 了解测定溶解热的基本原理。
2. 了解量热法的测量技术。
3. 了解作图外推法求真实温差的原理和方法。

【实验原理】

物质溶于溶剂时，常伴有热效应产生。研究表明，温度、压力以及溶质和溶剂的性质、用量等因素都对热效应有影响。

物质的溶解过程，常包括溶质晶格的破坏和分子或离子的溶剂化等过程。一般晶格的破坏为吸热过程，溶剂化作用为放热过程。总的热效应由这两个过程热量的相对大小决定。

溶解热可分为积分溶解热和微分溶解热。积分溶解热是在标准压力和一定温度下，1mol 溶质溶于一定量的溶剂中所产生的热效应，可以由实验直接测定。微分溶解热是在标准压力和一定温度下，1mol 溶质溶于大量某浓度的溶液中所产生的热效应，需要通过作图法来求。

本实验测定的是积分溶解热。在恒压条件下，测定积分溶解热是在绝热的量热计（杜瓦瓶）中进行的，溶质溶解过程中吸收或放出的热通过系统的温度变化反映出来。

首先标定量热系统的热容 C（指量热计和溶液温度升高 1℃所吸收的热量，单位为 $J \cdot K^{-1}$）。将某温度下已知积分溶解热的标准物质 KCl 加入量热计中溶解，用数字式贝克曼温度计测量溶解前后量热系统的温度，并用雷诺作图法求出真实温度差 ΔT_s。若系统的绝热性能很好，且搅拌热可忽略时，由热力学第一定律可得如下公式：

$$\frac{m_s}{M_s} \Delta H_s^{\ominus} + C\Delta T_s = 0 \tag{3-2-1}$$

$$C = -\frac{m_s}{M_s} \times \frac{\Delta H_s^{\ominus}}{\Delta T_s} \tag{3-2-2}$$

式中，m_s、M_s 分别为标准物质 KCl 的质量和摩尔质量；$\Delta H_s^{\ominus}$ 为标准压力和一定温度下 1mol KCl 溶于 200mol 水中的积分溶解热；ΔT_s 为 KCl 溶解前后温度变化值。

然后测定待测物质的积分溶解热。若待测物质的质量为 m，摩尔质量为 M，溶解前后温度变化为 ΔT，则由下式可得待测物质积分溶解热

$$\Delta_{sol} H_m = -C\Delta T \frac{M}{m} \tag{3-2-3}$$

上述计算中包含了水溶液的热容都相同的假设条件。

【仪器与试剂】

1. 仪器

SWC-RJ 溶解热实验装置 1 套;秒表 1 块;电子天平 1 台;普通温度计 1 支;称量瓶 2 只;漏斗 2 只;250mL 容量瓶 1 个;洗瓶 1 个。

2. 试剂

KCl(A.R.)、KNO_3(A.R.),均经 120℃、2h 烘干,并经研磨至粒度 $\phi 0.5 \sim 1mm$。

【实验步骤】

1. 称量 KCl

按 1mol KCl 与 200mol 水(水量按 250mL 计算)的比例称取一定质量的 KCl。

2. 量热计热容 C 的测定

(1) 用称量瓶准确称量 250mL 蒸馏水加入杜瓦瓶中,盖好杜瓦瓶塞及加样孔塞。保持一定的搅拌速度,待蒸馏水与量热计的温度达到平衡时,按下精密数字温度温差仪的"温差"键,"采零",并"锁定"。开动秒表,读取温度温差仪上显示的读数,每分钟读一次,8min(此时已读 8 个数据)时关掉搅拌机(此时秒表不能停),取下加样孔塞,插入专用漏斗,立即将称量好的 KCl 迅速全部倒入杜瓦瓶中,取下漏斗,重新塞上孔塞,开动搅拌机,立即读出一个数据并记下时间,到第 9min 再读数,以后每 30s 读一次数,到温度上升后 8min 时为止。

(2) 测溶解温度:关闭搅拌机,读出普通温度计在溶液中的温度作为溶解温度。

(3) 倒掉溶液:连同感温探头一同拔下大橡皮盖,取出搅拌子,倒出水溶液于回收桶内,用少量蒸馏水润洗杜瓦瓶两次。

3. KNO_3 溶解热的测定

KNO_3 称量按 1mol KNO_3 与 400mol 水(水量按 250mL 计算)的比例称量。用 KNO_3 代替 KCl,重复上述操作(步骤 2)。

【注意事项】

1. 试剂称量前要进行研磨,否则可能会因为试剂颗粒过大影响溶解时间。
2. 搅拌速度要适中,既不能太快,也不能太慢。
3. 称取药品时一定要防止药品变潮、吸水。

【数据处理】

1. 分别将 KCl、KNO_3 溶解过程中的数据(见表 3-2-1)作温度-时间曲线,并用雷诺图解法求取真实温差 ΔT_s 和 ΔT。

表 3-2-1　KCl、KNO_3 溶解过程中的数据

KCl:溶剂水量_____mL　　溶质_____g　　溶解温度_____℃

t/min										
温度读数										

KNO₃：溶剂水量＿＿＿＿ mL　溶质＿＿＿＿ g　溶解温度＿＿＿＿ ℃

t/min											
温度读数											

2. 计算量热计热容 C。

3. 计算 KNO₃ 在实验溶解温度下的积分溶解热 $\Delta_{sol}H_m$。

【思考题】

1. 试分析实验中影响温差 ΔT 测量的因素，并提出改进意见。

2. 试从误差理论分析影响本实验准确度的最关键因素。

3. 为什么要对实验所用 KCl 及 KNO₃ 的粒度作一些规定？粒度过大或过小在实验中会带来什么影响？

【讨论要点】

由于实验使用的杜瓦瓶并不是严格的绝热系统，在测量过程中系统与环境存在微小的热交换，如传导热、辐射热、搅拌热等，因此不能直接读取到 T，必须对测量值进行校正，以消除热交换的影响，求得真实温差 ΔT。本实验采用雷诺图解法对测量数据进行校正。其方法如下：

(1) 将观测到的量热计温度对时间作图，得到一条溶解曲线（见图 3-2-1）。AB 段表示正式加入样品前 n min（一般取 8min 为宜）体系与环境热交换所引起的温度线性变化；至 B 点时加入样品，温度从 B 点快速下降至 C 点溶解完全；CD 段表示溶解完毕后 n min（对等取 8min 为宜）内体系与环境的热交换而引起的温度线性变化。

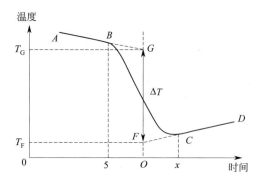

图 3-2-1　温度校正示意图

(2) 取 BC 横坐标（时间）的中点 O 作垂线交 CD 与 AB 的延长线于 F、G 两点，则 FG 就可以近似地认为是真实温差 ΔT 了。即

$$\Delta T = T_{\text{末}} - T_{\text{始}} = T_F - T_G$$

【考核标准】

实验预习		实验操作		实验报告	
考核内容	成绩	考核内容	成绩	考核内容	成绩
1. 预习报告、原理	0.2	1. 数字贝克曼温度计的使用	1.5	1. 基本原理、操作	0.5
2. 操作要点、注意事项	0.5	2. 药品称量	1.0	2. 温度-时间曲线的绘制	1.0
3. 记录表格	0.3	3. 温度、时间的记录	2.0	3. 使用数据处理	2.0
		4. 卫生、纪律	0.5	4. 实验误差分析	0.5
合计	1.0	合计	5.0	合计	4.0

实验三　凝固点降低法测定摩尔质量

【实验目的】

1. 用凝固点降低法测定尿素的摩尔质量。
2. 掌握溶液凝固点的测定技术。
3. 掌握数字贝克曼温度计的使用方法。

【预习要求】

1. 了解凝固点降低法测定摩尔质量的原理。
2. 了解测定凝固点的方法。
3. 熟悉数字贝克曼温度计的使用方法。

【实验原理】

化合物的摩尔质量是一个重要的物理化学数据。凝固点降低法是一种简单而比较准确的测定摩尔质量的方法。凝固点降低法在实际应用和对溶液的理论研究方面都具有重要的意义。

稀溶液的依数性之一为凝固点降低，当溶液中有非挥发性的溶质时，溶液的凝固点低于纯溶剂的凝固点，对理想稀溶液来说，凝固点的降低与溶质的质量摩尔浓度成正比。

$$\Delta T_f = T_f^* - T_f = \frac{R(T_f^*)^2 M_A}{\Delta_{fus} H_{m,A}^*} \times b_B = k_f b_B \tag{3-3-1}$$

式中　T_f^*——纯溶剂的凝固点，K；

T_f——溶液的凝固点［即析出纯固相 A 时的温度，A 的稀溶液（质量摩尔浓度 b_B）$\xrightarrow{T}$ A（固相）］，K；

k_f——凝固点降低常数，$kg \cdot K \cdot mol^{-1}$；

b_B——溶液中溶质的质量摩尔浓度，$mol \cdot kg^{-1}$；

$\Delta_{fus} H_{m,A}^*$——纯固体 A 的摩尔熔化焓，$kJ \cdot mol^{-1}$；

M_A——溶剂的摩尔质量，$kg \cdot mol^{-1}$。

如果溶质在溶剂中不发生解离和缔合，即形成二元（溶剂 A 和溶质 B）稀溶液，溶质 B 在溶液中存在的形式与其单独存在时的形式相同，则溶质在溶液中的物质的量与其单独存在时的物质的量相等，溶液中溶质的种类也是单一的，即物质 B。此时溶液中溶质的质量摩尔浓度为

$$b_B = \frac{m_B(l)}{M_B m_A} = \frac{m_B(s)}{M_B m_A}$$

代入式(3-3-1) 可得

$$M_B = k_f \frac{m_B}{\Delta T_f m_A} \tag{3-3-2}$$

此时求得的溶质 B 的摩尔质量即为溶质 B 单独存在时的摩尔质量。

如果物质 B 在溶剂中发生解离，设物质 B 的解离度为 α，其解离形式为

$$B \Longrightarrow cC + dD$$

则溶液中溶质的种类就不是单一的。当 $\alpha=1$ 时，物质 B 完全解离成 C 和 D，B 已不存在，此时溶液中溶质的总质量摩尔浓度为

$$b_B = (c+d)\frac{m_B}{M_B m_A}$$

代入式(3-3-1)可得

$$M_B = k_f \frac{(c+d)m_B}{\Delta T_f m_A} \tag{3-3-3}$$

若 α 介于 0～1 之间，物质 B 部分解离成 C 和 D，此时溶液中溶质为 B、C 和 D 三种，此时溶液中溶质的总质量摩尔浓度为

$$b_B = \frac{(1-\alpha+c\alpha+d\alpha)m_B}{M_B m_A}$$

代入式(3-3-1)可得

$$M_B = \frac{k_f(1-\alpha+c\alpha+d\alpha)m_B}{\Delta T_f m_A} \tag{3-3-4}$$

若已知某物质的摩尔质量，并知其在溶剂中的电离方式，则可用凝固点降低法求其电离度和电离平衡常数。

如果物质 B 在溶剂中发生缔合，即 $B \rightarrow B_n$，也可由凝固点降低法求溶质 B 的摩尔质量及其缔合度。

纯溶剂的凝固点是其液相和固相共存的平衡温度。若将纯溶剂逐步冷却，其冷却曲线如图 3-3-1 中Ⅰ所示。但实际过程中往往发生过冷现象，即在过冷并开始析出固体后，温度才回升到稳定的平衡温度，待液体全部凝固后，温度再逐渐下降，其冷却曲线如图 3-3-1 中Ⅱ所示。溶液的凝固点是该溶液的液相与溶剂的固相共存的平衡温度。若将溶液逐步冷却，其冷却曲线与纯溶剂不同，见图 3-3-1 中Ⅲ。由于部分溶剂凝固而析出，使剩余溶液的浓度逐渐增大，因而剩余溶液

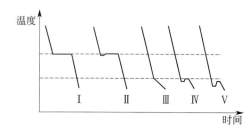

图 3-3-1　冷却曲线

与溶剂固相的平衡温度也逐渐下降。本实验所要测定的是浓度已知的溶液的凝固点，因此，所析出的溶剂固相的量不能太多，否则要影响原溶液的浓度。如稍有过冷现象，如图 3-3-1 中Ⅳ所示，对摩尔质量的测定无显著影响。如过冷严重，则冷却曲线如图 3-3-1 中Ⅴ所示，测得其凝固点将偏低，影响摩尔质量的测定结果。

因此，在测定过程中必须设法控制过冷程度适当，一般可采用如下方法：
① 在开始结晶时加入少量溶剂的微小晶体作为晶种以促进晶体生成；
② 加速搅拌，促使晶体生长；
③ 控制冷浴温度，不要使冷浴温度太低，以防止产生大的过冷现象。

由于稀溶液的凝固点降低值不大，因此温度的测量需要用较精密的仪器。本实验采用数字贝克曼温度计。

做好本实验的关键：一是控制搅拌速度，每次测量时的搅拌条件和速度尽量一致；二是冷浴的温度，过高则冷却太慢，过低则测不准凝固点，一般要求较溶剂的凝固点低 2～3℃。本实验采用冰盐水混合物作冷浴。

【仪器与试剂】

1. 仪器

数字贝克曼温度计 1 支；酒精温度计 1 支；杜瓦瓶（容量 1L）1 个；移液管（50mL，精密度±0.1mL）1 支；分析天平（精密度±0.0002g）1 台；台秤（精密度±0.2g）1 台；凝固点测定管 1 支；烧杯（400mL）2 个。

2. 试剂

尿素（A.R.）；粗食盐（工业用）；冰。

【实验步骤】

1. 准备冷浴

实验装置图如图 3-3-2 所示。

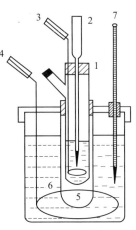

图 3-3-2 实验装置图
1—凝固点测定管；2—数字贝克曼温度计；3,4—搅拌棒；
5—凝固点测定管套管；
6—冷浴；7—酒精温度计

将水及少量的冰加入杜瓦瓶中，再加入少量粗食盐调节冷浴的温度为 $-3 \sim -2$℃。在实验过程中不断搅拌并补充少量的冰、盐，使冷浴的温度保持在 $-3 \sim -2$℃。

2. 样品的制备

用台秤称取约 0.5g 尿素，用压片机压成片后，将其从中间一分为二，使每份约 0.2g，再用分析天平准确称取每片的质量，放好备用。

3. 纯溶剂凝固点的测定

将数字贝克曼温度计的探头插入凝固点测定管 1 中溶剂的中间位置，并塞上塞子，把管 1 直接放入冷浴中。将数字贝克曼温度计的电源开关打开，不断上下移动搅拌棒 3 和 4，使管 1 中溶剂逐步冷却。当看见有固体析出时，将凝固点测定管 1 取出并擦干冰水，插入凝固点测定管套管 5 中，缓慢而均匀地搅拌。当温差测量仪上的读数基本不变时，记下此数值，此值即为纯溶剂水的凝固点 T_f^*（但仅是相对值，若在测量前校正了测量温度，则此值为绝对值）。取出凝固点测定管，用手温热之，待固体全部熔化后，再重复上步实验两次，要求任意两次测定结果相差不超过 0.005℃。

4. 测定尿素水溶液的凝固点

溶剂的凝固点测定之后，由凝固点测定管的侧管加入第一份尿素样品，取出凝固点测定管，用手温热之，并轻轻搅拌，待冰全部融化，尿素全部溶解后，按步骤 3 的方法测定溶液的凝固点，然后再向该溶液中加入第二份尿素样品，并测定其凝固点（T_f）。

【注意事项】

1. 冷浴的温度不能过低，最好始终保持在 $-3 \sim -2$℃。
2. 搅拌速度要适中，既不能太快，也不能太慢。
3. 称取药品时一定要保持药品的纯度，防止人为造成的药品不纯。

【实验记录】

室温_____℃；　　大气压_____Pa

纯水体积		纯水温度			纯水密度		
编号	质量/g	凝固点					
		1	2		3		平均
溶剂							
尿素 1#							
尿素 2#							

【数据处理】

1. 根据室温及水的密度，计算水的质量。
2. 计算尿素的摩尔质量。
3. 计算实验结果的相对误差。

【思考题】

1. 应用凝固点降低法测定物质的摩尔质量在选择溶剂时应考虑哪些问题？
2. 为什么会产生过冷现象？如何防止过冷现象发生？
3. 在本实验中如何控制搅拌速度？太快或太慢对实验结果有何影响？

【讨论要点】

1. 由使用仪器的精密度估算本实验的最大允许误差，找出明显影响实验结果的步骤。
2. 凝固点降低值的用途。
3. 对本实验的改进意见。

【考核标准】

实验预习		实验操作		实验报告	
考核内容	成绩	考核内容	成绩	考核内容	成绩
1. 预习报告，记录表格	0.5	1. 冰盐浴的准备	0.5	1. 内容完整	0.5
2. 课前提问(实验原理、操作要点、注意事项等)	0.5	2. 药品的称取	1.0	2. 实验数据	0.5
		3. 数字贝克曼温度计的使用	0.5	3. 数据处理及准确性	2.0
		4. 测温过程的操作	2.5	4. 实验误差分析	0.5
		5. 实验室纪律和卫生	0.5	5. 讨论及思考题	0.5
合计	1.0	合计	5.0	合计	4.0

【选作课题】

测定苯甲酸在苯中的缔合度。

提示： $2C_6H_5COOH \rightleftharpoons (C_6H_5COOH)_2$

物质的量　　　　　$n(1-\alpha)$　　　　　$n \cdot \dfrac{\alpha}{2}$　　　　　总计：$n\left(1-\dfrac{\alpha}{2}\right)$

式中　α——缔合度；

　　　n——投入单分子苯甲酸的物质的量。

需先测定苯甲酸在苯中的表观摩尔质量 M_0，已知单分子苯甲酸的摩尔质量为 M_0，则

$$\frac{M_0}{M}=1-\frac{1}{2}\alpha$$

附：数字贝克曼温度计

1. 简介

高精密度温度及其相对值的测定在物理、化学、生物、医学等领域的科研和生产中应用十分普遍，一般实验室由于条件所限，大多采用1/10分度水银温度计进行温度测量，在精密温度相对值测量中则采用水银贝克曼温度计。由于这些仪器属水银玻璃仪器，因而存在着读数误差大、易破损污染环境、不能实现自动化控制等缺点，特别是水银贝克曼温度计的操作、校准和读数更是复杂困难。SWC-Ⅱ数字贝克曼温度计具备测量精密度高、测量范围宽、操作简单等优点，因而SWC-Ⅱ数字贝克曼温度计完全能取代上述两种温度计。SWC-Ⅱ数字贝克曼温度计设有读数保持、超量程显示，并可根据用户要求选加BCD码输出、定时读数，使用安全可靠，可和微机直接连接完成温度、温差的检测，实现自动化控制。

2. 技术指标

(1) 温度测量范围（温差基温范围等同）：$-50\sim150℃$（可扩展至$\pm199.99℃$）。

(2) 温度测量分辨率：$0.01℃$。

(3) 温差（相对温度）测量范围：$\pm19.999℃$。

(4) 温差测量分辨率：$0.001℃$。

(5) 线性误差：$\leqslant 5\times 10^{-5}$ 满量程。

(6) 时间漂移：$\leqslant 0.0005℃/h$。

(7) 输出信号：可选择模拟信号和BCD码等。

(8) 定时读数时间范围：$10\sim300s$。

(9) 传感器插入被测系统深度大于50mm。

3. 使用方法

(1) 操作前准备

① 将仪器后面板的电源线接入220V电源。

② 检查探头编号（应与仪器后盖编号相符），并将其和后盖的"Rt"端子对应连接紧（槽口对准）。

③ 将探头插入被测物中的深度应大于50mm，打开电源开关。

(2) 温度测量

① 将面板"温度-温差"按钮置于"温度"位置（抬起位），显示器显示数字并在末尾显示"℃"，表明仪器处于温度测量状态。

② 将面板"测量-保持"按钮置于"测量"位置（抬起位）。

(3) 温差测量

① 将面板"温度-温差"按钮置于"温差"位置（按下位）；此时显示器最末位显示"·"，表明仪器处于温差测量状态。

② 将面板"测量-保持"按钮置于"测量"位置（抬起位）。

③ 按被测物的实际温度调节"基温选择"，使读数的绝对值尽可能小。

例如，物体实际温度为15℃，则将"基温选择"置在20℃位置。此时显示器显示$-5.000℃$左右。

④ 显示器动态显示的数字即为相对于 T_1 的温度变化量 ΔT。

例如，当 $T_1=5.835℃$ 时（基温位置不变），若显示器显示 $6.325℃$，则 $\Delta T=6.325℃-5.835℃=0.490℃$（温差记录与计算和玻璃贝克曼温度计相同）。

(4) 保持功能的操作

当温度和温差的变化太快无法读数时，可将面板"测量-保持"按钮置于"保持"位置（按下位），读数完毕应转换到"测量"位置，跟踪测量。

4. 使用与维护注意事项

(1) 本仪器仅适用于 220V 电源。

(2) 作温差测量时，"基温选择"在一次实验中不允许换挡。

(3) 当跳跃显示"0000"时，表明仪器测量已超量程，检查被测物的温度或传感器是否接好。

(4) 仪器数字不变，可检查仪器是否处于"保持"状态。

实验四 液体饱和蒸气压的测定

【实验目的】

1. 掌握纯液体饱和蒸气压与温度的关系。
2. 熟悉用克劳修斯-克拉佩龙方程计算摩尔汽化热。
3. 掌握测定液体饱和蒸气压的方法。

【预习要求】

1. 了解用静态法测定液体饱和蒸气压的操作方法。
2. 了解真空泵、恒温槽、气压计的使用方法及注意事项。
3. 明确液体饱和蒸气压的测定原理以及克劳修斯-克拉佩龙方程。

【实验原理】

在一定温度下，与纯液体处于气-液平衡状态的蒸气压力叫做该液体的饱和蒸气压。蒸发 1mol 液体所需要吸收的热量，即为该温度下液体的摩尔汽化热。如果饱和蒸气可看作理想气体，那么饱和蒸气压与温度的关系服从克劳修斯-克拉佩龙方程式

$$\frac{\mathrm{d}\ln p^*}{\mathrm{d}T} = \frac{\Delta_{\mathrm{vap}} H_{\mathrm{m}}^*}{RT^2} \tag{3-4-1}$$

式中 R——摩尔气体常数；

$\Delta_{\mathrm{vap}} H_{\mathrm{m}}^*$——液体的摩尔汽化热或汽化焓。

随着温度的提高，液体的饱和蒸气压也要增大。当饱和蒸气压等于外界压力时，液体沸腾，其对应的温度称为沸点，而饱和蒸气压恰为 1.01325×10^5 Pa 时所对应的温度则为该液体的正常沸点。

如果温度变化区间不大，则可把 $\Delta_{\mathrm{vap}} H_{\mathrm{m}}^*$ 视作常数，将式(3-4-1) 积分，得

$$\ln p^* = -\frac{\Delta_{\mathrm{vap}} H_{\mathrm{m}}^*}{RT} + C \tag{3-4-2}$$

或

$$\lg p^* = -\frac{\Delta_{\mathrm{vap}} H_{\mathrm{m}}^*}{2.303RT} + C' \tag{3-4-3}$$

以 $\ln p^*$（或 $\lg p^*$）对 $\left\{\dfrac{1}{T}\right\}$ 作图，即得一直线，其斜率应为

$$m = -\frac{\Delta_{\mathrm{vap}} H_{\mathrm{m}}^*}{R} \quad \text{或} \quad m' = -\frac{\Delta_{\mathrm{vap}} H_{\mathrm{m}}^*}{2.303R} \tag{3-4-4}$$

则

$$\Delta_{\mathrm{vap}} H_{\mathrm{m}}^* = -Rm \quad \text{或} \quad \Delta_{\mathrm{vap}} H_{\mathrm{m}}^* = -2.303Rm' \tag{3-4-5}$$

测定饱和蒸气压常用的方法有两种。

(1) 动态法

常用的有饱和气流法：在一定温度和压力下，将干燥的惰性气体缓慢通过待测液体，使之被待测液体的蒸气饱和。用适当物质将该饱和的气流吸收，然后通过测量因吸收气体所增加的质量可求出饱和气流中待测液体蒸气的含量，进而计算蒸气的分压，此分压就是该温度

下待测液体的饱和蒸气压。饱和气流法一般适用于蒸气压较小的液体。

（2）静态法

把待测物质放在一个封闭体系中，在不同温度下直接测量蒸气压，或在不同外压下测量液体的沸点。

本实验采用静态法。

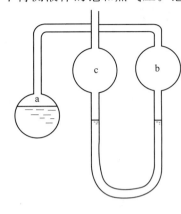

图 3-4-1 平衡管

静态法的测定仪器为如图 3-4-1 所示的平衡管，平衡管由三个相连的玻璃球 a、b 和 c 组成。a 球中储存有待测液体，b、c 球中的待测液体在底部用玻璃管连通。当 a、b 球的上部纯粹是待测液体的蒸气，而 b 球与 c 球之间的管中液面在同一水平时，则表示加在 b 管液面上的蒸气压与加在 c 管液面上的外压相等。此时液体的温度即是体系的气-液平衡温度，亦即液体的沸点。待测液体的体积占 a 球的 2/3 为宜。

【仪器与试剂】

1. 仪器

LB801-2 型超级恒温水浴一台；缓冲储气罐；蒸气压测定装置（DP-A 精密数字压力计、SHBⅢ型循环水式真空泵、乳胶管、真空管）。

2. 试剂

乙醇（A.R.）。

【实验步骤】

1. 体系减压，排除空气

按图 3-4-2 所示将仪器安装好。在开始实验前要检查装置是否漏气，关闭储气罐的进气阀，打开抽气阀和平衡阀，开动真空泵，当压力计的示数为 $-50 \sim -60$ kPa 时，关闭抽气阀，观察压力计读数，若读数基本不变，则系统不漏气；若真空度下降，则系统漏气，要查清漏气原因并排除。

若体系不漏气，则在平衡管的 a 球中装入 2/3 体积的乙醇，在 b、c 球之间的 U 形管中也装入少量乙醇。将平衡管安装到装置上，通冷凝水，同时开始对体系减压至真空度达 -95 kPa 以上（注：这个数值是参考实际操作情况确定的），减压数分钟以赶净平衡管中的空气，然后关闭抽气阀。

2. 测量不同温度下的饱和蒸气压

将恒温水浴恒温至 25℃，慢慢打开进气阀调节系统压力，当 b、c 球之间 U 形管内的两液面相平时，立即读取压力计的真空度示数。此后，依次将恒温水浴恒温至 30℃、34℃、38℃、40℃、42℃和 45℃，分别读取压力计的真空度示数。

实验完毕，打开进气阀通大气，同时打开抽气阀，关闭真空泵。

【注意事项】

1. 平衡管的 U 形管中不可装太多乙醇，否则既不利于观察液面，也易于倒灌。

2. 在体系抽空后，先保持一段时间，待空气排净后，方可继续做下面的实验。

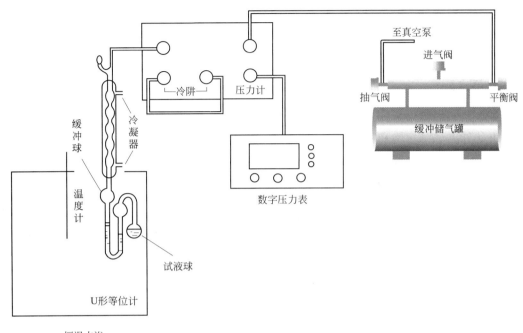

图 3-4-2　液体饱和蒸气压测定装置

3. 实验结束后，一定要先将体系放空，再关闭真空泵，否则可能使真空泵中的水倒灌入系统。

【实验记录】

室温：_____℃　大气压_____kPa

温度/℃	真空度/kPa	蒸气压/kPa	$\dfrac{1}{T}$	$\ln p^*$
25				
30				
34				
38				
40				
42				
45				

【数据处理】

1. 将温度、压力数据列表，算出不同温度的饱和蒸气压。
2. 作蒸气压-温度曲线。
3. 以 $\ln p^* - \dfrac{1}{T}$ 作图，并由斜率计算乙醇的摩尔汽化焓。

【思考题】

1. 克劳修斯-克拉佩龙方程在什么条件下才能应用？汽化焓（汽化热）与温度有无关系？

2. 本实验中为什么要严格控制恒温水浴的温度？
3. 你所用的每个测量仪器的精确度如何？最后所得汽化焓应该有几位有效数字？
4. 为什么要排净平衡管a、b之间的空气？怎样判断空气已经被排净？

【讨论要点】

1. 对本实验的结果进行误差分析，找出影响实验结果准确性的因素。
2. 用此种方法测定饱和蒸气压时温度和压力的选择范围。
3. 你对本实验的改进意见。

【考核标准】

实验预习		实验操作		实验报告	
考核内容	成绩	考核内容	成绩	考核内容	成绩
1. 预习报告，记录表格 2. 课前提问（实验原理、操作要点、注意事项等）	0.5 0.5	1. 实验装置气密性检验 2. 恒温水浴调节 3. 饱和蒸气压测定 4. 实验室纪律和卫生	0.5 2.0 2.0 0.5	1. 内容完整 2. 实验数据及p^*-T曲线 3. $\ln p^* - \dfrac{1}{T}$作图 4. 摩尔蒸发焓计算 5. 误差分析、讨论及思考题	0.5 1.5 1.0 0.5 0.5
合计	1.0	合计	5.0	合计	4.0

【选作课题】

1. 测定环己烷在25～50℃的饱和蒸气压，并计算其摩尔汽化焓。
2. 测定25℃时NaCl水溶液的饱和蒸气压，并计算相应浓度下水的活度。

附1：SHB Ⅲ型循环水式多用真空泵

（1）SHB Ⅲ型循环水式多用真空泵
它的外观示意图如图3-4-3所示。
（2）使用方法

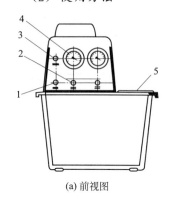
(a) 前视图

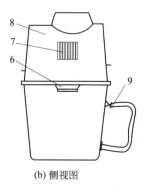
(b) 侧视图

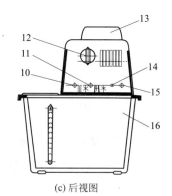
(c) 后视图

图3-4-3　SHB Ⅲ型循环水式多用真空泵外观示意图

1—电源开关；2—抽气嘴；3—电源指示灯；4—真空表；5—水箱上盖；6—扣手；7—散热窗；
8—上帽；9—放水软管；10—循环水进水嘴；11—循环水出水嘴；12—循环水转动开关；
13—电机风罩；14—电源进线；15—保险座；16—水箱

① 准备工作。将本机平放于工作台上，首次使用时，打开水箱上盖注入清洁的凉水（亦可经由放水软管加水），当水面上升至水箱后面的溢水嘴下高度时停止加水。重复开机可不再加水，但最长时间为每星期更换一次水。如水质污染严重，使用率高，可缩短更换水的周期。最终目的是保持水箱中的水质清洁。

② 抽真空作业。将需要抽真空的设备的抽气套管紧密套接于本机抽气嘴上，关闭循环开关，接通电源，打开电源开关，即可开始抽真空作业。可通过真空表观察真空度。

③ 当本机需要长时间连续作业时，水箱内的水温将会升高，影响真空度。此时可将放水软管与水源（自来水）接通，溢水嘴作排水出口。适当控制自来水流量，即可保持水箱内水温不升，使真空度稳定。

④ 当需要为反应装置提供冷却循环水时，在第③步操作的基础上，将需要冷却的装置的进水管、出水管分别接到本机后面的循环水出水嘴、进水嘴上，转动循环水旋钮至"ON"的位置，即可实现循环冷却水的供应。

附2：福廷式气压计

测定大气压力的仪器称为气压计。大气压力是用水银（汞）柱与大气压相平衡时的汞柱高度来表示，并规定在海平面、纬度45°及温度为0℃时的大气压力为标准大气压，其值为101.325kPa（760mmHg）。大气压力的单位，有的气压计直接以汞柱的高度（mmHg）来表示，有的气压计则以Pa或kPa来表示。

气压计的使用条件会影响其对大气压力的测量值，因此需要把汞柱高的计量一律校正到标准状况。

本实验室中使用的气压计是福廷（Fortin）式气压计，其构造如图3-4-4所示。

(1) 构造

福廷式气压计的外部是一黄铜管，其内是一盛汞的玻璃管。玻璃管顶封闭抽成真空，开口的一端向下插入水银槽C中，铜管上部刻有标尺E，并在相对的两面开有长方形窗孔，以观察水银面的高度。窗孔内有一可上下移动的游标G，转动游标螺旋F可调节游标上下移动。水银槽的底部用一羚羊皮袋封住，由螺钉Q支持，转动Q可以调节槽内水银面。水银槽上有一倒置的象牙针D，其针尖即为标尺零点，又称为标准基点。转动Q即可调节槽内水银面与针尖接触或分开。

(2) 使用方法

① 从气压计所附的温度计上读取温度。

② 转动Q，调节水银槽C内的水银面与象牙针D的尖端刚好接触。

③ 转动F使游标G高出管内水银面少许，然后慢慢落下游标，使游标前后两面的底边同时与水银的凸液面相切。

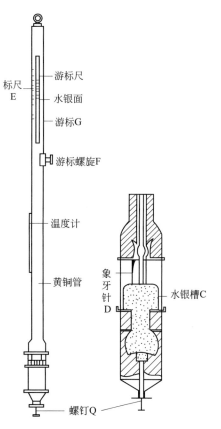

图3-4-4 福廷式气压计

④ 读取汞柱高度。读取方法：气压计标尺 E 上的数字单位为 kPa，每一小格为 0.1kPa。通过标尺 E 可以精确读出 0.1kPa 的压力值，要精确读到 0.01kPa，需要使用游标 G。游标尺的刻度共有 10 格，在游标零线与水银面相切的情况下，在游标尺上找到一条与标尺 E 上某一刻线对齐的刻线，其对应的数值即为 0.01kPa 的值。

⑤ 根据校正表对所测压力值进行仪器校正和温度校正。

(3) 读数校正

当气压计的汞柱与大气压力平衡时，则 $p_{大气} = \rho g h$。但汞的密度 ρ 与温度有关，重力加速度 g 随测量地点不同而异，因此用汞柱高度 h 来表示大气压时，规定温度为 0℃、重力加速度为 $g = 9.81 \text{m} \cdot \text{s}^{-2}$ 条件下的汞柱为标准，此时汞的密度为 $\rho = 13.595 \text{g} \cdot \text{cm}^{-3}$。不符合上述规定所读的汞柱高度，除了要进行仪器误差校正外，在精密工作中还必须进行温度、纬度和海拔高度的校正。

① 仪器误差校正。仪器误差是由于仪器本身不准确造成的，每一个气压计在出厂时都附有校正卡片，可根据卡片对读数进行校正。

② 温度校正。由于温度改变，水银的密度也随之改变，而且水银的膨胀系数大于黄铜（标尺）的膨胀系数，因此当测量温度高于 0℃ 时，应从气压值读数中减去校正值，若低于 0℃，则应加上校正值。温度校正值为：

$$p_0 = \frac{1+\beta t}{1+\omega t} p = p - p \frac{\omega t - \beta t}{1+\omega t} \tag{3-4-6}$$

式中 p——气压计读数；

p_0——将读数校正到 0℃ 后的数值；

t——气压计的温度，℃；

ω——水银在 0~35℃ 间的平均体膨胀系数，$\omega = 0.0001818 \text{℃}^{-1}$；

β——黄铜的线膨胀系数，$\beta = 0.0000184 \text{℃}^{-1}$。

③ 重力校正。由于重力加速度随海拔高度 H 和纬度 i 而改变，即气压计读数受 H 和 i 影响，经温度校正后的数值再乘以 $[1 - 2.6 \times 10^{-3} \cos(2i) - 3.1 \times 10^{-7} H]$。

因校正的数值很小，一般实验中可不考虑此项校正。

(4) 使用注意事项

① 在旋转螺钉 Q 调节水银面时，动作要缓慢、轻微，在调好水银面后，应稍等半分钟，待象牙针尖与水银面接触情况无变动时，再继续下一步操作。

② 在旋转螺钉 Q 使水银柱上升时，往往会使水银柱凸面过于凸出。反之，下降时则会使水银柱凸面凸出得少些。两种情况都会影响气压计读数的准确度。因此，在调好螺钉 Q 后，用手指轻轻弹动黄铜管的上部，使水银柱的凸面正常，然后读数。

③ 在旋转游标螺旋 F 使游标 G 与水银柱凸面相切时，必须使眼睛与游标及游标后的金属片的底边在一直线上，然后观察游标 G 与水银柱凸面相切。

④ 在进行①、②、③步骤前应将气压计调整到垂直位置上。

实验五 化学平衡常数及分配系数的测定

【实验目的】

测定化学反应 $KI+I_2 \rightleftharpoons KI_3$ 的平衡常数及 I_2 在四氯化碳和水中的分配系数。

【预习要求】

1. 掌握碘和碘化钾在水溶液中反应平衡常数的计算。
2. 了解分配系数的测定方法。
3. 熟悉实验装置图,掌握做好实验的关键步骤。

【实验原理】

在定温、定压下,碘和碘化钾在水溶液中建立如下的平衡:

$$KI+I_2 \rightleftharpoons KI_3 \tag{3-5-1}$$

为测定化学平衡常数,应在不破坏平衡状态的条件下,测定平衡组成。在本实验中,当上述反应达到平衡时,若用 $Na_2S_2O_3$ 标准溶液来滴定溶液中 I_2 的浓度,则因随着 I_2 的消耗,平衡将向左移动,使 KI_3 继续分解,因而最终只能测得溶液中 I_2 和 I_3^- 的总量。为了解决这个问题,可在上述溶液中加入四氯化碳,然后充分摇匀(KI 和 KI_3 不溶于 CCl_4),当温度和压力一定时,上述平衡及 I_2 在四氯化碳层和水层的分配平衡同时建立,测得四氯化碳层中 I_2 的浓度,即可根据分配系数求得水层中 I_2 的浓度(见图 3-5-1)。

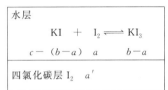

图 3-5-1 I_2 在两相的分配

设水层中 KI 和 I_2 的总浓度为 b,KI 的初始浓度为 c;四氯化碳层 I_2 的浓度为 a';I_2 在水层和四氯化碳层分配系数为 k,实验测得分配系数 k 及四氯化碳层中 I_2 的浓度 a' 后,则根据 $k=a'/a$,即可求出水层中 I_2 的浓度 a。再从已知 c 及测得的 b,即可计算出式(3-5-1)的平衡常数。

$$k_c = \frac{[KI_3]}{[I_2][KI]} = \frac{b-a}{a[c-(b-a)]}$$

【仪器与试剂】

1. 仪器

恒温装置一套;250mL 碘量瓶(磨口锥形瓶)3 个;50mL 移液管 3 支;25mL 移液管 1 支;5mL 移液管 3 支;10mL 移液管 2 支;250mL 锥形瓶 4 个;碱式滴定管 2 支;25mL 量筒 1 个;10mL 量筒 2 个。

2. 药品

四氯化碳(A.R.);I_2 的四氯化碳饱和溶液;$0.01\,mol \cdot L^{-1}$ $Na_2S_2O_3$ 标准溶液;$0.1\,mol \cdot L^{-1}$ KI 标准溶液;1%的淀粉溶液。

【实验步骤】

1. 按表 3-5-1 所列数据,将溶液配于碘量瓶中。

2. 将配好的溶液置于25℃的恒温槽内，每隔10min取出振荡一次，约经1h后，按表3-5-1所列数据取样进行分析。

3. 分析水层时，用 $Na_2S_2O_3$ 滴至淡黄色，再加2mL淀粉溶液作指示剂，然后小心滴至蓝色恰好消失。

4. 取 CCl_4 层样时，用洗耳球使移液管尖端鼓泡通过水层进入 CCl_4 层，以免水层进入移液管中。锥形瓶中先加入5～10mL水及2mL淀粉溶液，然后将四氯化碳层样放入锥形瓶中。滴定过程中要充分振荡，以使四氯化碳层中的 I_2 进入水层（为加快 I_2 进入水层，可加入KI）。细心地滴定至水层蓝色消失。四氯化碳层中不再出现红色。

【实验记录】

表 3-5-1　实验数据表

实验温度：_____　　大气压：_____　　KI浓度：_____　　$Na_2S_2O_3$ 浓度：_____

实验编号		1号	2号	3号
混合溶液组成 /mL	H_2O	200	50	0
	I_2 的 CCl_4 饱和溶液	25	25	25
	KI溶液	0	50	100
分析取样体积 /mL	CCl_4 层	5	5	5
	H_2O 层	50	10	10
滴定时消耗的 $Na_2S_2O_3$/mL	CCl_4 层			
		平均		
	H_2O 层			
		平均		
k 值		$k=$	$k_{C_1}=$	$k_{C_2}=$
			$k_C=$	

【数据处理】

1. 计算25℃时，I_2 在四氯化碳层和水层中的分配系数。
2. 计算25℃时，反应式(3-5-1)的平衡常数。

【思考题】

1. 测定平衡常数及分配系数为什么要求恒温？
2. 配制溶液时，哪种试剂需要准确计量其体积？
3. 配制第1号～第3号溶液进行实验的目的何在？

【讨论要点】

1. 讨论怎样加速平衡的到达。
2. 讨论测定四氯化碳层中 I_2 浓度时的注意事项。

【考核标准】

实验预习		实验操作		实验报告	
考核内容	成绩	考核内容	成绩	考核内容	成绩
1. 预习报告	0.5	1. 溶液的配制	1.0	1. 完整性	1.0
2. 回答提问（原理、操作步骤、要求注意事项）	0.5	2. 滴定准确度	0.5	2. 准确性	2.5
		3. 振荡程度	0.5	3. 讨论及其他	0.5
		4. 操作	2.0		
		5. 纪律及卫生	1.0		
合计	1.0	合计	5.0	合计	4.0

实验六　二组分汽-液平衡相图

【实验目的】

1. 测定环己烷-乙醇系统的沸点-组成图（T-x 图）。
2. 掌握阿贝折光仪的使用方法。

【预习要求】

1. 了解绘制二组分汽-液平衡相图的基本原理和方法。
2. 了解本实验中的注意事项。
3. 熟悉阿贝折光仪的使用方法。

【实验原理】

一个液相完全互溶的二组分系统的沸点-组成图，表明在汽-液两相平衡时，沸点和两相组成间的关系，它对了解这一系统的行为及分馏过程都有很大的实用价值。

二组分液系的 T-x 图可分为三类：

(1) 理想的二组分液系，其溶液沸点介于两纯物质沸点之间 [见图 3-6-1(a)]；
(2) 各组成对拉乌尔定律发生正偏差，其溶液具有最低沸点 [见图 3-6-1(b)]；
(3) 各组成对拉乌尔定律发生负偏差，其溶液具有最高沸点 [见图 3-6-1(c)]。

第 (2)、(3) 类溶液在最低或最高沸点时的汽液两相组成相同，加热蒸发的结果只使汽相总量增加，汽液相组成及溶液沸点保持不变，这时的温度叫恒沸点，相应的组成叫恒沸组成。理论上，第 (1) 类混合物可用一般精馏法分离出其中的纯物质，第 (2)、(3) 类混合物只能分离出一种纯物质和另一种恒沸混合物。

为了测定二组分液系的 T-x 图，需在汽-液相达平衡后，同时测定汽-液相组成和溶液沸点。例如，在图 3-6-1(a) 中与沸点 T_1 对应的汽相组成是汽相线上 V_1 点对应的 x_B^g，液相组成是液相线上 L_1 点对应的 x_B^l。实验测定整个浓度范围内不同组成溶液的汽-液相平衡组成和沸点后，就可以绘出 T-x 图。

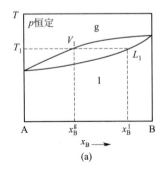 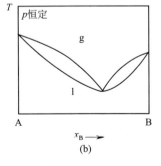 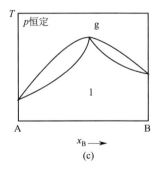

图 3-6-1　二组分液系的 T-x 图

本实验绘制环己烷-乙醇二组分液系的 T-x 图，其方法是将不同组成的溶液置于蒸馏仪（见图 3-6-2）中进行蒸馏，沸腾平衡后记下温度。依次吸取少量的蒸馏液和蒸出液，分别用阿贝折光仪测定其折射率，然后由环己烷-乙醇的折射率-组成标准曲线（见图 3-6-3）或其数据表确定相应组成，从而绘制环己烷-乙醇二组分液系相图。

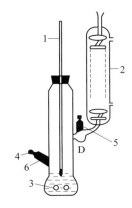

图 3-6-2　蒸馏仪
1—温度计；2—冷凝管；3—加热管；4—磨口塞；5,6—侧管

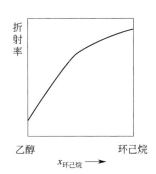

图 3-6-3　环己烷-乙醇的折射率-组成标准曲线

【仪器与试剂】

1. 仪器

蒸馏仪 1 套；1/10 分度温度计（50~100℃）1 支；阿贝折光仪 1 台；恒温槽 1 台；变压器（1kV）1 台；导线 4 根；滴管 2 支。

2. 试剂

乙醇（A.R.）；环己烷（A.R.）。

【实验步骤】

1. 自洁净、干燥的蒸馏仪侧管 6 加入无水乙醇，其量要稍稍没过加热管 3，再装好温度计 1，使其水银球浸在液相中一半，盖好磨口塞 4。冷凝管通自来水后，再通过变压器控制电炉丝加热使溶液沸腾（电压不要超过 25V），电阻丝稍稍发红即可，待温度恒定后，记下乙醇的沸点。

2. 用滴管由冷凝管上端口加入环己烷，其量控制在能使溶液沸点下降 2~3℃，待温度相对稳定、汽相承接处的液体已经充分回流后，记下沸点，停止加热。冷却稍许后，用滴管分别从侧管 5 和侧管 6 取出少量蒸出液及蒸馏液，迅速于恒温下测其折射率。然后，继续按照上述方法加入环己烷，其量仍控制在能使溶液沸点下降 2~3℃。如上一次沸点为 75.25℃，这一次经滴加环己烷，其沸点应降至 72.25~73.25℃较适宜。再待温度相对稳定后，分别测其蒸出液及蒸馏液的折射率。如此重复，直至汽、液相冷凝液折射率基本一致，说明溶液已经恒沸，即达到了恒沸点（约 65℃），停止实验，将蒸馏仪中的溶液倒入回收瓶。

3. 用少量环己烷洗净蒸馏仪，然后由蒸馏仪侧管 6 加入环己烷，重复步骤 1、2。最后回收蒸馏仪中的样品，关闭冷却水，切断电源。

【注意事项】

1. 测定乙醇及环己烷纯样品的沸点时，蒸馏仪要洁净、干燥，不得掺入其他杂质。

2. 蒸馏过程中样品回流要充分，控制汽-液平衡要严格，其重要标志是在该条件下沸点相对稳定。

3. 使用折光仪要仔细认真，温度控制平稳，取样品不得用时过长。

4. 在 T-x 图上，为了使坐标点分布均匀、合理，必须严格控制向蒸馏仪中滴加另一组分的量，以保证沸点降低值为 2~3℃。

5. 接近恒沸点时，实验操作一定要做到另一组分滴加量适宜，回流充分，较好地控制平衡，仔细观察现象，绝不可粗心大意。

【实验记录】

室温：_____ ℃　气压：_____ kPa

测定次序	沸点/℃	汽相冷凝液分析		液相分析	
		n_D^{30}	x 环己烷	n_D^{30}	x 环己烷
纯乙醇中滴加环己烷后					
纯环己烷中滴加乙醇后					

【数据处理】

1. 根据实验测得的折射率，在环己烷-乙醇二元系组成与折射率对应表（见附录）中找到相应的汽、液相组成，填于实验记录表中。

2. 绘制环己烷-乙醇系统的沸点-组成（T-x）图。

3. 在 T-x 图上求出恒沸点及恒沸混合物的组成。

【思考题】

1. 在实验中，汽液两相如何达成平衡？如何判断汽液两相已经达到平衡？
2. 根据什么原理，可以使混合物中两种组分得到分离？采用什么方法可以得到两种纯物质？
3. 平衡时，汽液两相温度是否应该一样？实际是否一样？怎样防止有温度的差异？
4. 每次加入蒸馏仪中的乙醇或环己烷是否应该精确计量？
5. 蒸馏仪中冷凝器 D 处体积过大或过小对测量有何影响？
6. 本实验中测得的沸点是正常沸点吗？
7. 请用克劳修斯-克拉佩龙方程估算因大气压偏高 100Pa 所引起的系统误差。

【讨论要点】

1. 结合本实验结果，讨论产生误差的原因，并计算误差大小。
2. 在本实验折射率测定中，如果不恒温，将对折射率数据有何影响？可用不同温度的折射率数据，估算其温度系数。
3. 测定时，若有过热或分馏作用，将使测得的图形发生什么变化？
4. 如何改进实验装置，以得到更加精确的 T-x 图？

【考核标准】

实验预习		实验操作		实验报告	
考核内容	成绩	考核内容	成绩	考核内容	成绩
1. 预习报告,记录表格	0.5	1. 恒温槽的使用	0.5	1. 内容完整	0.5
2. 课前提问(实验原理、操作要点、注意事项等)	0.5	2. 蒸馏仪的操作	2.0	2. T-x 图形	2.0
		3. 折光仪的使用	2.0	3. 数据准确性	0.5
		4. 实验室纪律和卫生	0.5	4. 误差分析、讨论及思考题	1.0
合计	1.0	合计	5.0	合计	4.0

【选作课题】

1. 测定丙酮-氯仿二组分液系的沸点-组成图。
2. 将蒸馏瓶改造使之与抽气系统连接，在控制外压的条件下进行汽-液平衡实验，测得 p-x 图，同时计算二组分活度系数及活度。

实验七 三组分系统相图的绘制

【实验目的】

1. 熟悉相律，掌握等边三角形坐标的使用方法。
2. 学会用溶解度法绘制三组分系统的相图。
3. 绘制乙醇-苯-水三组分系统相图。

【预习要求】

1. 熟悉相律，掌握用三角形坐标表示三组分体系相图的方法。
2. 了解用溶解度法绘制相图的基本原理。

【实验原理】

根据相律，等温等压下三组分系统 $f_{max} = C - P = 2$，即最多有两个独立的浓度变量，因此其相平衡状态可用平面图表示。通常用等边三角形法表示三组分 A、B、C 的组成，如图 3-7-1 所示。等边三角形的三个顶点分别代表 A、B、C 三种纯物质。AB、BC、CA 三条边分别表示 A 与 B、B 与 C、C 与 A 二组分系统的组成。三角形内的任一点则代表三组分系统的组成。如图 3-7-1 中 O 点所代表的系统组成为 $x_A = 0.3$，$x_B = 0.5$，$x_C = 0.2$（或质量分数 $w_A = 30\%$，$w_B = 50\%$，$w_C = 20\%$）。

用平面等边三角形法表示的三组分系统组成具有如下特点。

1. 等含量规则

一组三组分系统，如果其组成位于平行于三角形某一边的直线上，则在这一组系统中，与此线相对的顶点所代表组分的含量相等。如图 3-7-2 所示，EF 线上各点所代表的三组分系统中组分 A 的质量分数（或摩尔分数）相同。

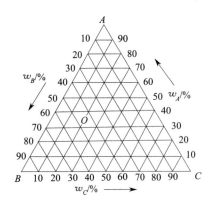

图 3-7-1 三组分系统相图表示

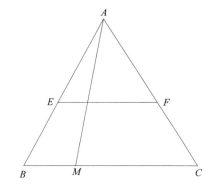

图 3-7-2 三组分系统性质

2. 等比例规则

过顶点到对边的任一直线上的三组分系统中，对边两顶点所代表组分的含量比相等。如图 3-7-2 中 AM 线上各点所代表的三组分系统中，B、C 两组分含量的比值保持不变。

3. 直线规则

由两个三组分系统构成的新三组分系统的组成必然位于原来两个三组分系统点的连线上。如图 3-7-3 所示，由 D、E 两个三组分系统混合构成的新三组分系统的系统点为 O。若 D、E 所代表的三组分系统的质量分别为 m_1 和 m_2，则根据杠杆规则有

$$\frac{m_1}{m_2} = \frac{\overline{OE}}{\overline{OD}} = \frac{\overline{oe}}{\overline{od}}$$

三组分系统有多种类型，本实验研究的是具有一对共轭溶液的乙醇(A)-苯(B)-水(C)三组分系统。在该三组分系统中 A 和 B、A 和 C 完全互溶，而 B 和 C 只能部分互溶，在苯-水系统中加入乙醇，则可促使苯与水的互溶，其相图如图 3-7-4 所示。图中 $BadfhjbC$ 为溶解度曲线。曲线外为单相区；曲线内为两相区，一相为 C 在 B 中的饱和溶液，另一相为 B 在 C 中的饱和溶液，这对溶液称为共轭溶液。

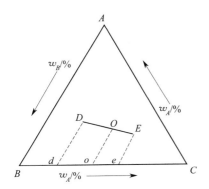

图 3-7-3　三组分系统杠杆规则

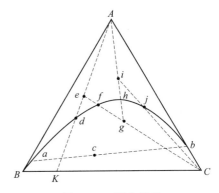

图 3-7-4　滴定路线

本实验是先配制部分互溶的 B、C 混合液，其系统点为 K，向该系统中滴加组分 A，则系统点沿 KA 线向 A 移动（苯-水比例保持不变）。到达 d 点以前，系统中存在不互溶的两共轭相，故振荡时为浊液。到 d 点，系统由两相区进入单相区，液体由浊变清。继续滴加 A 至系统点 e，改向系统中滴加 C，则系统点由 e 沿 eC 线向 C 变化，到 f 点，系统由单相区进入两相区，液体由清变浊。继续滴加 C 至系统点为 g，再向系统中滴加 A，系统点由 g 沿 gA 线向 A 变化，到 h 点，液体由浊变清。如此反复进行，可得到 d、f、h、j、…连接各点即可得到溶解度曲线。

【仪器与试剂】

1. 仪器

50mL 碱式滴定管 2 支；2mL 移液管 1 支；1mL 移液管 1 支；250mL 锥形瓶 1 只。

2. 试剂

苯（A.R.）；无水乙醇（A.R.）；蒸馏水。

【实验步骤】

1. 分别在两支洁净的碱式滴定管内装无水乙醇和蒸馏水。

2. 准确移取 2mL 苯及 0.1mL 蒸馏水于干燥、洁净的 250mL 锥形瓶中，然后用滴定管慢慢向其内滴加无水乙醇，且不停地振摇锥形瓶，记下液体由浊变清时所加乙醇的体积。再

向此瓶中滴入 0.5mL 无水乙醇，改用水滴定，记下液体由清变浊时所加水的体积。

3. 按照表 3-7-2 中所列量继续加水，然后用无水乙醇滴定，如此反复进行。

【注意事项】

1. 滴加溶液时要一滴一滴地滴加，且不停地振摇锥形瓶，特别是在接近相转变点时要不断振摇，这时溶液接近饱和，溶解平衡需较长的时间。振摇后瓶壁不能挂液珠。

2. 如滴定超过终点，也可继续下面的实验，但应按照总量适当调整滴定到终点后需多加的无水乙醇或蒸馏水的量。

【实验记录】

从附录表中查出实验温度下三种纯组分的体积质量列入表 3-7-1 中，并根据滴定终点时系统中乙醇、苯、水的体积及其纯组分的体积质量计算出滴定终点时系统中乙醇、苯、水的质量及质量分数，并记录于表 3-7-2 中。

【数据处理】

根据各滴定终点时各组分的质量分数，绘于三角坐标纸上。将各点连成平滑曲线，并用虚线外延到三角形两个顶点（因为水与苯在室温下可以看成是完全不互溶的）。

表 3-7-1　纯组分的体积质量

室温/℃	大气压/kPa	体积质量浓度/g·cm^{-3}		
		苯	乙醇	水

表 3-7-2　三组分系统溶解度曲线测定结果

室温：_____　　　大气压：_____

编号	体积/mL					质量/g				质量分数/%			终点记录
	苯	水		乙醇		苯	乙醇	水	合计	苯	乙醇	水	
		滴加	合计	滴加	合计								
1	2	0.1											清
2	2			0.5									浊
3	2	0.2											清
4	2			0.9									浊
5	2	0.6											清
6	2			1.5									浊
7	2	1.5											清
8	2			3.5									浊
9	2	4.5											清
10	2			7.5									浊

【思考题】

1. 为什么根据系统由清变浊的现象可绘出溶解度曲线？
2. 当体系总组成点在曲线内和曲线外时，相数有何不同？总组成点通过曲线时发生什么变化？
3. 使用的锥形瓶是否需要干燥？为什么？
4. 如果滴定时不小心超过了终点，是否需要重新开始实验？为什么？
5. 说明本实验所绘的相图中各区的自由度为多少？

【讨论要点】

1. 结合本实验实际操作过程，讨论产生误差的原因。
2. 如不小心滴定超过终点，用不用重做实验？
3. 对本实验的改进意见。

【考核标准】

实验预习		实验操作		实验报告	
考核内容	成绩	考核内容	成绩	考核内容	成绩
1. 预习报告	0.5	1. 样品的准备	1.0	1. 内容完整	1.0
2. 课前提问（原理、操作要点、注意事项等）	0.5	2. 操作过程（操作规范、终点的掌握）	2.0	2. 相图绘制正确	2.0
		3. 数据记录	1.0	3. 讨论及其他	1.0
		4. 实验室纪律和卫生	1.0		
合计	1.0	合计	5.0	合计	4.0

【选作课题】

1. 乙酸正丁酯-乙醇-水三组分液-液平衡相图测绘。
2. $NaCl-NH_4Cl-H_2O$ 三元盐水体系。

实验八　二组分合金相图

【实验目的】

1. 用热分析法（步冷曲线法）绘制 Bi-Sn 二组分金属相图。
2. 掌握热电偶测量温度的基本原理和校正方法。
3. 学会使用自动平衡记录仪。

【预习要求】

1. 复习相平衡关于二组分固态不互溶系统液-固平衡相图的内容。
2. 理解绘制二组分合金相图的热分析法。
3. 了解实验仪器的使用方法。

【实验原理】

1. 二组分合金相图

人们常用图形来表示体系的存在状态与组成、温度、压力等因素的关系。二组分平衡相图已得到广泛的研究和应用。固-液平衡相图多用于冶金、化工等部门。

较为简单的二组分金属相图主要有三种：

① 液相完全互溶，凝固后，固相也能完全互溶成固溶体的系统，如 Cu-Ni、Sb-Bi 系统等；

② 液相完全互溶，固相完全不互溶的系统，如 Bi-Cd、Au-Si 系统等；

③ 液相完全互溶，固相部分互溶的系统，如 Pb-Sn、Ag-Cu 系统等。

本实验研究的 Bi-Sn 系统属于固相部分互溶的系统。在低共熔温度下，Bi 在固相 Sn 中最大溶解度为 21%（质量分数）。

2. 热分析法（步冷曲线法）

热分析法是绘制凝聚体系相图的常用方法。它是利用金属及合金在加热或冷却过程中发生相变时，潜热的释放或吸收及热容的突变，使得在温度-时间关系图上出现平台或拐点，从而得到金属或合金的相转变温度。由热分析法制相图，先做步冷曲线，然后根据步冷曲线制作相图。通常的做法是先将金属或合金全部熔化，然后让其在一定的环境中自行冷却，通过记录仪记录下温度随时间变化的曲线（步冷曲线），如图 3-8-1 所示。

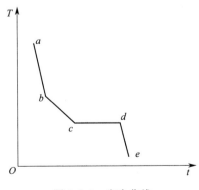

图 3-8-1　步冷曲线

以合金样品为例，当熔融的体系均匀冷却时，如果系统不发生相变，则系统温度随时间变化是均匀的，冷却速率较快（如图中 ab 线段）；若冷却过程中发生了相变，由于在相变过程中伴随着放热效应，所以系统的温度随时间变化的速率发生改变，系统冷却速率减慢，步冷曲线上出现转折（如图中 b 点）。当熔液继续冷却到某一点时（如图中 c 点），此时熔液系统以低共熔混合物的固体析出。在低共熔混合物全部凝固以前,系统温度保持不变,因此步冷曲线出现水平线段(如图中 cd 线段);当熔液完全凝固后,温度才迅速下降(如图中 de 线段)。

由此可知,对组成一定的二组分低共熔混合物系统,可根据它的步冷曲线得出有固体析出的温度和低共熔点温度。根据一系列组成不同系统的步冷曲线的各转折点,即可画出二组分系统的相图(温度-组成图)。不同组成熔液的步冷曲线对应的相图如图 3-8-2 所示。严格地讲,Bi-Sn 合金是固态部分互溶凝聚系统,只是由于普通的热分析方法灵敏度较低,无法测得固熔体相界数据,所以,通过本实验得到的是 Bi-Sn 二元合金的简化相图。

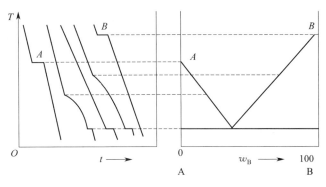

图 3-8-2　步冷曲线与相图

【仪器与试剂】

1. 仪器

热电偶(铜-康铜)1 支;立式电炉(500W)2 个;调压器 2 个;加热套管 6 个;硬质玻璃试管 6 个;热电偶套管 6 只;沸点仪 1 套;自动平衡记录仪 1 台。

2. 试剂

Sn(A.R.);Bi(A.R.);松香;液体石蜡。

实验仪器如图 3-8-3 所示。

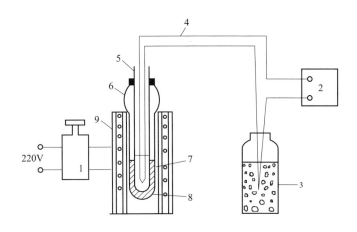

图 3-8-3　步冷曲线测定装置

1—调压器;2—记录仪;3—保温瓶;4—热电偶;5—细玻璃管;
6—试管;7—液体石蜡;8—样品;9—电炉

【实验步骤】

1. 配制样品

分别配制含 Sn 质量分数为 20％、40％、60％、80％ 的 Bi-Sn 混合物各 50g。另外取纯 Bi、纯 Sn 各 50g，分别装入 6 个硬质玻璃试管。管内加少量松香，以防金属氧化。插入热电偶套管于样品中部，热电偶套管中加入少量液体石蜡用于导热，防止热电偶的热滞后现象。

2. 绘制样品的步冷曲线

本实验所用的两个电炉均用于加热，熔融的样品在空气中冷却并记录步冷曲线。将制好的样品放入立式小电炉内，接通电源，样品熔化后用热电偶套管将金属样品搅拌均匀。调整好热电偶套管位置，打开记录仪开始记录步冷曲线。

加热下一个样品时应使用另外一个熔融电炉，两个电炉交替使用，待电炉温度降到接近室温时才可再次使用，以防玻璃试管炸裂。

3. 测量水的沸点

将热电偶热端插入沸点仪的气液喷口处，测水的沸点，作为标定热电偶温度值的一个定点。沸点仪加热电压控制在 30 V 左右。

【注意事项】

1. 通过升温曲线判断样品是否熔化，全部熔化后即可停止加热，温度不宜升得过高。
2. 为了准确测定相变点，必须将热电偶放在熔融体中下部，同时搅拌均匀。
3. 冷的样品不可放入热的炉子中，以防试管碎裂。
4. 搅拌样品时，样品不要脱离电炉时间过长（也可在电炉中将样品搅拌均匀），防止样品冷却凝固。
5. 注意桌面整洁，不要使电线或信号线与电炉接触。

【实验记录】

室温：_____℃   气压：_____kPa

样品＼时间	
1	
2	
3	
4	
5	
6	

【数据处理】

1. 根据记录的时间和温度绘制步冷曲线图。
2. 找出各步冷曲线中拐点和平台对应的温度值。
3. 以温度为纵坐标，以物质组成为横坐标，绘出 Bi-Sn 金属相图。

【思考题】

1. 为什么能用步冷曲线来确定相界？
2. 请用相律分析各步冷曲线的形状？
3. 热电偶测量温度的原理是什么？为什么要保持冷端温度恒定？
4. 步冷曲线各段的斜率以及平台的长短与哪些因素有关？

【考核标准】

实验预习		实验操作		实验报告	
考核内容	成绩	考核内容	成绩	考核内容	成绩
1. 预习报告	0.5	1. 样品的配制	1.0	1. 内容完整	0.5
2. 课前提问(实验原理、操作要点、注意事项等)	0.5	2. 硬质玻璃试管的操作和热电偶的使用	2.0	2. 步冷曲线	1.0
		3. 沸点仪的使用	1.0	3. Bi-Sn 金属相图	1.0
		4. 实验室纪律和卫生	1.0	4. 相变温度、低共熔点	1.0
				5. 实验讨论及思考题	0.5
合计	1.0	合计	5.0	合计	4.0

实验九　差　热　分　析

【实验目的】

1. 用差热分析仪对草酸钙进行差热分析，并定性解释所得差热图。
2. 掌握差热分析的原理，了解定性处理的基本方法。
3. 了解差热分析仪的构造及其操作技术。

【预习要求】

1. 了解所用差热分析仪的原理及使用方法。
2. 了解热电偶的测温原理和如何利用热电偶绘制差热图。
3. 了解草酸钙的化学性质和预处理过程。

【实验原理】

1. 概述

差热分析是一种热分析法，可用于鉴别物质并考查其组成结构及转化温度、热效应等物理化学性质，它广泛应用于许多科研及生产部门。

许多物质在加热或冷却过程中，当达到某一温度时，会发生熔化、凝固、晶型转变、分解、化合、吸附、脱附等物理化学变化，并伴随有焓的改变，因而产生热效应，其表现为该物质与外界环境之间有温度差。差热分析就是通过测定温差来鉴别物质，确定其结构、组成，并测定其转化温度、热效应等物理化学性质。

在测定之前，先要选择一种热稳定性较好的物质作为参比物。在温度变化的整个过程中该参比物不会发生任何物理化学变化，没有任何热效应出现。

将样品与参比物一起置于一个可按规定速率逐步升温或降温的电炉中，然后分别记录参比物的温度（也可以记录样品本身或样品附近的其他参考点的温度）以及样品与参比物之间的温差。随着测定时间的延续，就可以得到一张差热图（或称热谱图）。图 3-9-1 即为一张理想的差热图。

在差热图中有两条曲线，其中曲线 T 为温度线，它表明参比物（或其他参考点）的温度随时间变化的情况。曲线 D 为差热线，它反映样品与参比物之间的温差与时间的关系。

在差热线中，与时间轴平行的 ab、de 段表明样品与参比物之间的温差为零或恒为常数，称为基线；bc、cd 段组成一个差热峰。一般规定吸热峰为负峰（或称吸热谷），此时样品的焓变大于零，其温度低于参比物；放热峰为正峰，出现在基线的另一侧。

采用 X-Y 函数记录仪可以得到另一种形式的差热图（见图 3-9-2），可直接显示出温差与温度之间的函数关系 $\Delta T = f(T)$，而不出现时间因素。显然，由图 3-9-1 很容易变换成图 3-9-2 的形式。反过来，如果已知升温速率或降温速率，也可将图 3-9-2 变换为图 3-9-1 的形式。本实验只讨论图 3-9-1 的形式。

2. 谱图分析

从差热图上可以清晰地看到差热峰的数目、位置、方向、高度、宽度、对称性以及峰面积。峰的数目是在测定温度范围之内待测样品与参比物之间的温差发生变化的次数,峰的方向表明热效应的正负性;峰面积则反映热效应的大小。

在完全相同的测定条件下,许多物质的差热图具有特征性,因此就可以通过与已知物的差热图的对比来鉴别样品的种类。而对峰面积进行定量处理,则可确定某一变化过程热效应的大小。峰的高度、宽度以及峰的对称性除与测定条件有关外,往往还与样品变化过程的各种动力学因素有关,由此可以计算某些反应的活化能和反应级数。

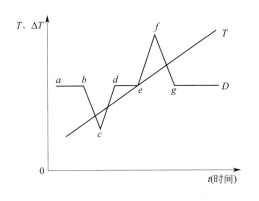

图 3-9-1　理想的差热图　　　　　图 3-9-2　X-Y 函数记录的差热图

差热峰的位置可参照如图 3-9-3 所示的方法来确定。通过峰的起点 b、顶点 c 和终点 d,分别作三条垂线与温度线交于 b'、c'、d' 三点。若温度线与差热线的记录完全同步,即两条曲线完全是用一个横坐标,则 b'、c'、d' 三点所对应的温度 T_b、T_c、T_d 就分别为峰的起始、峰点及终点温度,由于 T_b 大体上代表了开始温度,因此常用 T_b 表征峰的位置,对于很尖锐的峰,其位置也可以用峰点温度 T_c 表示。

在实际测定中,由于样品与参比物间往往存在着比热容、热导率、粒度、装填疏密程度等方面的差异,再加上样品在测定过程中会发生收缩或膨胀,差热线就会发生漂移,其基线不再平行于时间轴,峰的前后基线也不在一条直线上,差热峰可能比较平坦,使 b、c、d 三个转折点不明显。可以通过作切线的方法来确定转折点及面积,图 3-9-4 中的阴影部分就为校正后的峰面积。

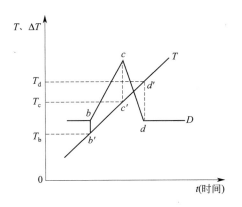
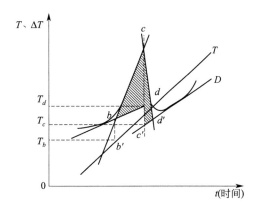

图 3-9-3　差热峰的位置参照图　　　　图 3-9-4　切线方法确定转折点及面积示意图

【仪器与试剂】

1. 仪器

差热分析仪。

2. 试剂

$\alpha\text{-}Al_2O_3$（A.R.）；$CaC_2O_4 \cdot H_2O$（A.R.）。

【实验步骤】

采用 $\alpha\text{-}Al_2O_3$ 为参比物，以 $10℃ \cdot min^{-1}$ 的速率升温，绘制草酸钙从室温至 900℃ 范围内，在空气中的差热图。所用草酸钙应以 2 倍的 $\alpha\text{-}Al_2O_3$ 稀释，装填应紧密。

测定前最好先将参比物灼烧，必要时需作热电偶的校正曲线。

应注意记录测定条件，写明参比物名称、规格、粒度、用量、稀释比、仪器型号、气氛、大气压、室温、相对湿度、升温速率以及走纸速率等。

【注意事项】

1. 升温速率的选择

升温速率对测定结果的影响十分明显。一般来说，速率低时，基线漂移小，峰形显得矮而稍宽，可以分辨出靠得很近的变化过程，但每次测定时间较长；速率高时，基线漂移明显，峰形比较尖锐，测定时间较短，但与平衡条件相距较远，出峰温度误差较大，分辨能力也下降。

为了便于比较，在测定一系列样品时，应采取相同的升温速率。

升温速率一般采取 $2 \sim 20℃ \cdot min^{-1}$。在特殊情况下，最慢可为 $0.1℃ \cdot min^{-1}$，最快可达 $200℃ \cdot min^{-1}$。而最常用的是 $5 \sim 15℃ \cdot min^{-1}$。

2. 参比物的选择

作为参比物的材料，在整个测定范围内，应保持良好的热稳定性，不会出现能产生热效应的任何变化。

另外，应尽可能选用与样品的比热容、热导率相近的材料作为参比物。

常用的参比物有 $\alpha\text{-}Al_2O_3$、煅烧过的 MgO 和 SiO_2 以及金属 Ni 等。

3. 气氛及压力的选择

许多测定受气氛及压力的影响很大。例如，碳酸钙、氧化银的分解温度分别受气氛中二氧化碳、氧气分压的影响；液体或溶液的沸点或泡点与外压的关系则十分密切；许多金属在空气中会被氧化等。因此，应根据待测样品的性质，选择适当的气氛和压力。现代差热分析仪的电炉备有密封罩，并装有若干气体阀门，便于抽真空及通入选定的气体。为方便起见，本实验在空气中进行。

4. 样品的预处理及用量

一般非金属固体样品均应经过研磨，使之成为 200 目左右的微细粒，这样可以减少死空间，改善导热条件。但过度地研磨可能会破坏晶体的晶格。对于那些会分解而释放出气体的样品，颗粒则应大一些。

参比物的粒度以及装填松紧度都应当与样品一致。为了确保参比物的热稳定性，使用前可将它在高温下灼烧一次。

样品的用量应尽可能少。这样，不仅可以节省样品，更重要的是可以得到比较尖锐的峰，并能分辨靠得很近的相邻的峰。样品过多往往形成"大包"，并使相邻的峰互相重叠而无法分辨。当然样品也不能过少，这可根据仪器的灵敏度、稳定性等因素加以综合考虑。一般样品用量为 0.5～1.5g，如果仪器灵敏度很高，甚至可以只用数毫克样品。

如果样品太少，不能完全覆盖热电偶，或样品容易烧结、熔融而结块时，可掺入一定量的参比物或其他热稳定剂。

【实验记录】

	年 月 日 时 分		
室温	℃	DTA ±	μV
湿度	%	DSC ±	$J·s^{-1}$
气氛		流量	$mL·min^{-1}$
试样质量	mg	升温速率	$℃·min^{-1}$
参比物($α-Al_2O_3$)质量	mg	走纸速率	$mm·min^{-1}$

【数据处理】

1. 指明草酸钙变化次数。
2. 指出各峰的开始温度和峰顶温度。
3. 根据草酸钙的化学性质，讨论各峰所代表的可能反应，写出反应方程式，并说明空气的影响。

【思考题】

1. 差热分析与简单热分析有何异同？
2. 影响差热分析结果的重要因素有哪些？
3. 测温点在样品内或在其他参考点上，所绘的升温曲线是否相同？为什么？
4. 在什么情况下，升温过程与降温过程所做的差热分析结果相同？在什么情况下只能采用升温过程？什么情况下采用降温过程更好？

【讨论要点】

1. 影响差热分析结果的重要因素。
2. 本次实验成功或失败的原因。
3. 对本实验的改进意见。

【考核标准】

实验预习		实验操作		实验报告	
考核内容	成绩	考核内容	成绩	考核内容	成绩
1. 预习报告	0.4	1. 样品的准备	2.0	1. 结果正确	1.5
2. 提问	0.4	2. 仪器的操作	2.0	2. 处理方法技巧	1.5
3. 其他	0.2	3. 其他(含卫生状况)	1.0	3. 文字工整	0.5
				4. 讨论	0.5
合计	1.0	合计	5.0	合计	4.0

【选作课题】

1. 用本实验仪器做 $CuSO_4 \cdot 5H_2O$ 的差热分析和热重分析，确定各转变温度及热效应。
2. 用差热分析法测定 NH_4NO_3 在 NH_4Cl 或 $NaCl$ 存在下的热分解。

附：差热分析仪（CDR-1 型）

差热分析仪一般由温度程序控制单元、差热信号放大器单元、记录仪单元及电炉单元组成。

（1）温度程序控制单元和可控硅加热单元

温度程序控制单元和可控硅加热单元共同组成温度程序控制系统，即温控系统，由程序信号发生器、微伏放大器、PID 调节器、可控硅触发器和可控硅执行元件五个部分组成，如图 3-9-5 所示。

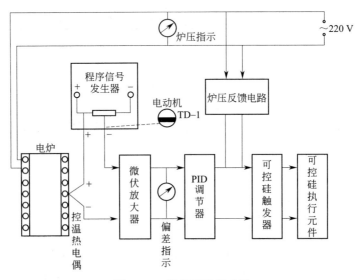

图 3-9-5　温控系统组成图

程序信号发生器按给定的程序方式（升温、降温、恒温或循环）和一定的温控速率给出毫伏信号，而电炉中的控温热电偶取得反应炉温的热电势，二者进行比较。若有偏差表示炉温偏离给定值，此偏差经微伏放大器放大后，送入 PID 调节器（比例-积分-微分式调节器）以提高控温质量。所得 PID 信号再经可控硅触发器去推动可控硅执行元件，以调整电炉的加热电流，从而消除偏差，使炉温按要求的速率变化。

（2）差热信号放大器（DTA）单元

差热信号放大器用以放大温差电势。由于一般自动记录仪的量程为毫伏级，而差热分析中温差信号则很小，往往是几微伏到几十微伏，因此差热信号在输入自动记录仪之前必须先经放大。

差热信号放大器单元的原理如图 3-9-6 所示。

差热信号（ΔT）通过斜率调整电路送入微伏放大器放大，送入记录仪。

由于差热电势是一种很微弱的直流信号，对外界各种干扰及放大器内部的噪声非常敏感，因此对差热信号放大器的要求极为严格，通常采用"调制-交流放大-解调"的形式，并带有深度负反馈，使其具有性能稳定、零漂小和输入阻抗高的特点。同时采用严格的电磁屏

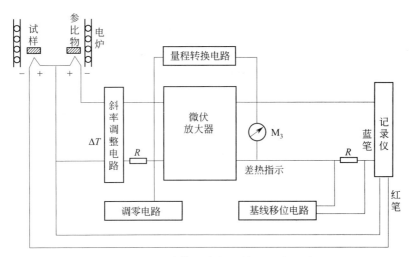

图 3-9-6 差热信号放大器单元的原理图

蔽以加强抗干扰能力。

在进行差热分析时,如升温时试样没有热效应,温差热电势为零,差热线为一直线,称为基线,但由于两个热电偶的热电势和热容量以及坩埚的形状、位置等不可能完全对称,在温度变化时,仍有不对称电势产生,此电势随温度升高而变化,造成基线不直,可以用斜率调整电路,选择适当触头加以调整,抵消上述不对称电势。

由于电路元件的特性不可能完全一致,当放大器没有输入信号电压时,仍有输出电压,这可以用调零电路加以消除。与调零电路原理相同的基线移位电路,可以调节差热基线到记录仪上适当位置,再借助量程选择开关,可以使记录仪给出完整清晰的差热线。

(3) 电炉单元

电炉一般采取立式,分底座和炉体两部分。在底座一边的各插口分别与电源、温控系统、差热信号放大器单元连接。电炉上面有冷却水和气体进出口,冷却水保证电炉金属不被损坏。根据样品测试的气氛要求,确定通气与否及通什么气体。

样品杆插入底座上的插口,垂直于底座。样品杆用氧化铝材料制成,杆上保护罩中有一对平板热电偶,上面可放一对坩埚,样品和参比物放在坩埚中。样品放在左边,参比物放在右边。

炉体内部为石英罩,罩外以耐高温的陶瓷管作炉膛,外侧绕有电热丝,可以通电发热,最外层为保温材料和外壳。炉体采用手摇升降机构,炉子升到顶部后,可作横向移动,使安放样品及更换样品杆都很方便。

(4) 记录仪单元

双笔自动平衡记录仪实际上是将两台自动平衡电子电位差计组装在一起,可以同时记录样品温度和样品与参比物之间的温度差。

红笔指示样品温度。在 0~800℃ 范围内直接读得试样在 τ 时刻的温度,并记录试样温度随时间变化而连续变化的曲线。在温度变化速率一定时此曲线应为一直线。

试样与参比物之间的温差,由热电偶转化为温差电信号,输入微伏放大器放大后再送入记录仪,由蓝笔记录下来。若样品的温度低于参比物,差热峰为吸热峰,在基线的左面,放热峰则在基线右面。

红笔与蓝笔共用一卷记录纸，走纸速率可按需要调节，走纸方向代表时间轴。为了避免两支笔相遇而相互受阻，可人为地把两支笔错开，使其形成一个间距（笔距差），从而差热线的时间轴平移了一段距离。因此，在查对差热峰温度时，应对笔距差加以校正。

记录仪已采取冷端补偿措施，测温热电偶可直接接在输入端上。

(5) 差热峰面积的测量

① 三角形法　若差热峰对称性好，可以作等腰三角形处理，即用"峰高×半峰宽"的方法来求面积，即

$$A = h \cdot y_{\frac{1}{2}}$$

式中　A——峰面积；

　　　h——峰高；

　　　$y_{\frac{1}{2}}$——峰高$\frac{1}{2}$处的峰宽。

由这种方法所得的结果往往偏小。后来有人根据经验总结加以修正。对差热峰的修正式可采用

$$A = h \cdot y_{0.4}$$

或

$$A = \frac{h}{3}(y_{0.1} + y_{0.5} + y_{0.9})$$

以求得近似的峰面积。式中，$y_{0.1}$、$y_{0.4}$、$y_{0.5}$、$y_{0.9}$ 分别为峰高 $\frac{1}{10}$、$\frac{4}{10}$、$\frac{5}{10}$、$\frac{9}{10}$ 处的峰宽。

② 面积仪法　当差热峰不对称时，常用此方法。面积仪是用手动方法测量面积的仪器，可准确到 $0.1 cm^2$，当被测面积小时，相对误差就大，必须重复测量多次取平均值，以提高准确度。

③ 剪纸称量法　若记录纸均匀，可将差热峰分别剪下来在分析天平上称其质量，其数值可代替面积代入计算公式。当面积小时，此种方法误差较大，但也是常用方法之一。

除上述几种方法以外，也可用图解积分法，但比较麻烦。如果差热分析仪附有积分仪，则可以直接从积分仪上读得或自动记录下差热峰的面积。积分仪是一种自动测量某一曲线围成的面积的仪器。使用时要注意仪器的线性范围、基线漂移等问题。它在峰面积测量中的使用范围正在不断扩大，是解决峰面积测量自动化的方向。

实验十　原电池电动势的测定

【实验目的】

1. 了解对消法测原电池电动势的基本原理。
2. 掌握可逆电池电动势的测量原理和电位差计的构造、使用方法及注意事项。
3. 了解可逆电池、可逆电极、盐桥等概念及其制备方法。
4. 测量下列电池的电动势
   (1) $Zn(s)|ZnSO_4(0.1\,mol\cdot L^{-1})\|CuSO_4(0.1\,mol\cdot L^{-1})|Cu(s)$
   (2) $Zn(s)|ZnSO_4(0.1\,mol\cdot L^{-1})\|KCl(饱和)|Hg_2Cl_2|Hg(l)$
   (3) $Cu(s)|CuSO_4(0.01\,mol\cdot L^{-1})\|CuSO_4(0.1\,mol\cdot L^{-1})|Cu(s)$
5. 测定未知溶液的 pH 值。
6. 测量不同温度（25～45℃）下电池 (c) $Zn(s)|ZnSO_4(0.1\,mol\cdot L^{-1})\|CuSO_4(0.1\,mol\cdot L^{-1})|Cu(s)$ 的电动势及电动势温度系数，求算相关的热力学函数。

【预习要求】

1. 理解原电池的电动势、电极电势的定义，会计算给定条件下原电池的电动势。
2. 了解电位差计的工作原理及使用方法。
3. 了解盐桥的主要成分和盐桥的作用。
4. 掌握温度对原电池电动势的影响。
5. 掌握通过原电池电动势测定求算有关热力学函数的原理。
6. 了解醌氢醌电极的制备方法，掌握其电极电势与溶液 pH 值的关系。

【实验原理】

1. 原电池电动势与热力学函数的关系

在恒温恒压下，可逆电池中进行的任意化学反应。

$$bB(c_B)+dD(c_D) = gG(c_G)+rR(c_R)$$

由化学反应的等温方程知

$$\Delta_r G_m = \Delta_r G_m^\ominus + RT\ln\frac{c_G^g c_R^r}{c_B^b c_D^d} \tag{3-10-1}$$

又知

$$\Delta_r G_m^\ominus = -zE^\ominus F,\quad \Delta_r G_m = -zEF$$

代入上式后，得

$$E = E^\ominus - \frac{RT}{zF}\ln\frac{c_G^g c_R^r}{c_B^b c_D^d}$$

把浓度 c 换成活度 a，则得

$$E = E^\ominus - \frac{RT}{zF}\ln\frac{a_G^g a_R^r}{a_B^b a_D^d} \tag{3-10-2}$$

式(3-10-2)表示电动势与活度的定量关系，称为 Nernst 方程。它是电化学中的重要公式。利用此公式，就可通过测定电动势来计算热力学函数。如果原电池中进行的反应是可逆的，电池反应在恒温恒压下进行时，热力学函数的变化和原电池电动势有如下关系

$$\Delta_r G_m(T,p) = -zEF \tag{3-10-3}$$

$$\Delta_r S_m = zF\left(\frac{\partial E}{\partial T}\right)_p \tag{3-10-4}$$

$$\Delta_r H_m = -zFE + zFT\left(\frac{\partial E}{\partial T}\right)_p \tag{3-10-5}$$

式中 z——1mol 电池反应中电子转移的物质的量；

F——法拉第常数（96485C·mol^{-1}）；

$\left(\frac{\partial E}{\partial T}\right)_p$——电池电动势的温度系数，V·K^{-1}。

实验测得电动势 E 及其温度系数，根据公式可计算 $\Delta_r G_m$、$\Delta_r S_m$、$\Delta_r H_m$。

2. 电动势及电极电势

电动势是指原电池在可逆的情况下，即电路中电流为零时两个电极电势的代数和。当原电池电动势用电极电势表示时，$E = E_+ - E_-$。原电池书写习惯，左面为负极，右面为正极。

一个电极电势的大小，与溶液中有关离子的活度、温度及电极本身的性质有关。电极电势的绝对值是不能测定的，但可以测出相对值，其方法如下。

把标准氢电极($p_{H_2} = 100\text{kPa}$，$a_{H^+} = 1$)的电极电势规定为零，与待测电极组成原电池，此电池的电动势即为待测电极电势。因为氢电极使用不便，所以常用甘汞电极作为比较电极。

对于任意的电极反应

$$\text{氧化态} + ze^- \rightleftharpoons \text{还原态}$$

电极电势的通式为

$$E_{电极} = E_{电极}^{\ominus} - \frac{RT}{zF}\ln\frac{a_{还原态}}{a_{氧化态}}$$

式中 $E_{电极}$、$E_{电极}^{\ominus}$——电极电势和标准电极电势；

$a_{氧化态}$、$a_{还原态}$——氧化态和还原态物质的活度。

3. 电位差计工作原理

测量电动势常用对消法（补偿法），其工作原理如图 3-10-1 所示。

电池 E_W 与电阻线 AB 组成一个回路。在 AB 两端产生电位降，首先把开关 K 拨向 E_N，移动滑动接头 C′，使 AC′两端的电位降的数值正好等于电池 E_N 的电动势，这时 G 中必然无电流通过。然后把开关 K 拨向 E_X，移动接头 C，使 AC 两端的电位降数值与电池 E_X 的电动势相等，这时 G 中无电流通过。分别可得到 E_N 和 E_X 的计算式

$$E_N = U_{AC'} = E_W \frac{R_{AC'}}{R_{AB}}$$

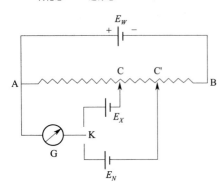

图 3-10-1 对消法原理示意图

$$E_X = U_{AC} = E_W \frac{R_{AC}}{R_{AB}}$$

联立两式得

$$E_X = E_N \frac{R_{AC}}{R_{AC'}}$$

E_N 为已知，再求出 AC 和 AC'，两端的电阻值 R_{AC} 和 $R_{AC'}$，就可求出 E_X。

电位差计就是根据对消法原理制作的。它增加了一些辅助线路、转换开关等，可以更方便、更精确地测定出原电池的电动势。

4. 电极的制备和性质

在本实验中，需用到甘汞电极、醌氢醌电极、铜电极、锌电极。现将它们的性质及制备方法加以说明。

(1) 甘汞电极

制备方法：首先在半电池管中放入纯汞少许，再插入洗净的铂电极，在铂上面放入磨细的汞糊（$KCl + Hg + Hg_2Cl_2 + H_2O$），汞糊上面放 $KCl(s)$，最后倒入 KCl 饱和溶液，即得本实验中采用的饱和甘汞电极。

甘汞电极具有稳定的电动势，温度系数较小。常用的甘汞电极有三种（$0.1 mol·L^{-1}$ KCl、$1 mol·L^{-1}$ KCl、饱和 KCl），它们的电极反应为

$$\frac{1}{2}Hg_2Cl_2(s) + e^- \rightleftharpoons Hg(l) + Cl^-(aq)$$

在溶液中汞离子浓度的变化和氯离子浓度的变化有关，所以甘汞电极的电动势与氯离子的浓度有关。

$$E_{电极} = E_{电极}^{\ominus} - \frac{RT}{F} \ln a(Cl^-)$$

$0.1 mol·L^{-1}$ 甘汞电极：

$$E_{甘汞} = [0.3337 - 0.00007(t-25)]V$$

$1 mol·L^{-1}$ 甘汞电极：

$$E_{甘汞} = [0.2801 - 0.00024(t-25)]V$$

饱和甘汞电极：

$$E_{甘汞} = [0.2412 - 0.00076(t-25)]V$$

(2) 醌氢醌电极

醌氢醌是醌与对苯二酚的等分子化合物，由它组成的电极是一种对氢离子可逆的氧化还原电极。醌氢醌在水中的溶解度很小，并且部分分解。

$$\underset{醌氢醌}{C_6H_4O_2·C_6H_4(OH)_2} \rightleftharpoons \underset{醌}{C_6H_4O_2} + \underset{氢醌}{C_6H_4(OH)_2}$$

将少量醌氢醌放入含 H^+ 的待测溶液中，插入一惰性铂电极，并使之成为过饱和溶液（醌氢醌在水溶液中的溶解度很小，很易达到饱和），就形成一支醌氢醌电极。

该电极作为还原电极时电极反应为

$$C_6H_4O_2 + 2H^+ + 2e^- \longrightarrow C_6H_4(OH)_2$$

电极电势用下式表示

$$E(Q|QH_2) = E^{\ominus}(Q|QH_2) - \frac{RT}{F} \ln \frac{1}{a(H^+)}$$

或
$$E(Q|QH_2) = E^{\ominus}(Q|QH_2) - \frac{2.303RT}{F}\text{pH}$$

醌氢醌电极的标准电极电势为
$$E^{\ominus}(Q|QH_2) = [0.6994 - 0.00074(t-25)]\text{V}$$

(3) 金属电极（铜、锌、银等）

把表面洁净的金属片（棒）插入盛有相应金属盐的半电池管中即可组成金属电极。电极反应为
$$M^{z+} + ze^- \rightleftharpoons M$$

电极电势为
$$E(M^{z+}/M) = E^{\ominus}(M^{z+}/M) - \frac{RT}{zF}\ln\frac{1}{a(M^{z+})}$$

对于锌电极应先进行汞齐化，对铜电极要先进行电镀，其目的是使表面性质均一，消除阴极对电位的影响，制作方法见"实验步骤"。

【仪器与试剂】

1. 仪器

EM-3C 型数字电子电位差计 1 台；烧杯（50mL）6 个；导线 8 根；饱和甘汞电极 1 支；铂电极 1 支；锌片电极、铜片电极各 2 个，恒温水浴 1 台。

2. 试剂

$0.1\text{mol}\cdot\text{L}^{-1}$ $ZnSO_4$ 溶液；KCl 饱和溶液；$0.1\text{mol}\cdot\text{L}^{-1}$、$0.01\text{mol}\cdot\text{L}^{-1}$ $CuSO_4$ 溶液；醌氢醌；未知溶液（pH 未知）。

【实验步骤】

1. 盐桥的制备（由指导教师完成）

(1) 简易法

用滴管将饱和 KNO_3（或 NH_4NO_3）溶液注入 U 形管中，注满后用捻紧的滤纸塞紧 U 形管两端即可，管中不能存有气泡。

(2) 凝胶法

称取琼脂 1g 放入 50mL KNO_3 饱和溶液中，浸泡片刻，再缓慢加热至沸腾。待琼脂全部溶解后稍冷，将洗净的盐桥管插入琼脂溶液中。从管的上口将溶液吸满（管中不能有气泡），保持此充满状态冷却到室温，即凝固成凝胶固定在管内。取出擦净备用。

2. 电极的制备

(1) 铜电极的制备

将铜片用稀 HNO_3 浸洗，以除去氧化层，用蒸馏水漂洗，并用滤纸吸干后，放入铜电镀液中，用 $5\text{mA}\cdot\text{cm}^{-2}$ 的电流密度电镀 20min（阳极为纯铜片，被镀电极为阴极）。电镀液配方为
$$100\text{g H}_2\text{O} + 5\text{g C}_2\text{H}_5\text{OH} + 15\text{g CuSO}_4\cdot5\text{H}_2\text{O（实验室配好）}$$

注：本实验对此不要求，采取用细砂纸擦去铜电极表面氧化层的方法。

(2) 锌电极的制备

将锌电极用稀 H_2SO_4 浸洗，以除去表面氧化层，用滤纸吸干后，浸入 $HgNO_3$ 溶液中，经

0.5～1s取出，用蒸馏水漂洗，并用滤纸吸干。此时锌电极表面形成光亮的锌汞齐饱和层。

注：本实验对此不要求，而采取用细砂纸擦去锌电极表面氧化层的方法。

3. 电池恒温

调节恒温水浴到指定的温度，将待测电池放入水浴中恒温15min。

4. 电动势的测定

按照EM-3C型电位差计面板上的操作说明，进行仪器校准和测定各电池的电动势。电池（2）、（3）和以未知液为溶液的电池，只测25℃时的电动势。

5. 制备醌氢醌电极

将待测pH的溶液约10mL倒入50mL烧杯中，加少量醌氢醌，使之达过饱和状态。插入一个洁净的铂电极和甘汞电极，测其电动势。

【注意事项】

1. 仪器应保持清洁，避免剧震和阳光直接暴晒。
2. 注意盐桥U形管中琼脂应加满至管口，管内不应该有气泡，否则应及时更换。
3. 注意饱和甘汞电极中KCl饱和溶液是否足够，不够应及时补充。
4. 在进行仪器校准时，切勿将标准电池的正、负极与外标插孔的正、负极接错。
5. 实验前，应先根据"实验原理"和"讨论要点"中相应的公式计算出各电池在指定温度下电池电动势的理论值。
6. 测量前应先将电池充分恒温，再测定电动势。
7. 测量时动作尽量快，以防过多的电量通过标准电池或被测电池，造成严重的极化现象，破坏被测电池的可逆状态。
8. 在测量过程中，仪器的"平衡指示"一直显示溢出，可能是待测电池的正、负极接错，导线有断路，工作电源故障等原因，应进行检查。
9. 试验完毕，把玻璃仪器清洗干净摆放整齐，盐桥和甘汞电极清洗干净后放入饱和氯化钾溶液中浸泡，其他仪器复原。

【实验记录】

温度	序号	电池符号	E（理论值）/V	E（实验值）/V
25℃	（2）			
	（3）			
	未知溶液		—	
25℃	（1）			
30℃				
35℃				
40℃				
45℃				

【数据处理】

1. 应用Nernst方程计算出各原电池电动势的理论值（参见讨论要点）。
2. 将各原电池电动势的实测值与其计算值比较，并计算误差，求出未知溶液的pH。
3. 作图求原电池（1）的温度系数，并计算热力学函数 $\Delta_r G_m$、$\Delta_r S_m$、$\Delta_r H_m$。

【思考题】

1. 对消法测定原电池电动势的基本原理是什么？为什么用伏特表不能准确测定原电池电动势？
2. 检流计总往一个方向偏说明什么？
3. 使用盐桥的目的是什么？应选什么样的电解质作盐桥？
4. 用电动势法，可以计算哪些热力学函数？
5. 制备盐桥时为什么不能有气泡？
6. 如何判断所测量的电动势为平衡电势？
7. 醌氢醌电极能否用来测定碱性溶液的pH值？

【讨论要点】

本实验中涉及利用Nernst方程计算原电池电动势的理论值。已知25℃，$0.01\text{mol}\cdot\text{L}^{-1}$ $CuSO_4$ 和 $0.1\text{mol}\cdot\text{L}^{-1}$ $CuSO_4$ 溶液中离子平均活度系数分别为0.41和0.16；$0.01\text{mol}\cdot\text{L}^{-1}$ $ZnSO_4$ 和 $0.1\text{mol}\cdot\text{L}^{-1}$ $ZnSO_4$ 溶液中离子平均活度系数分别为0.39和0.15。常温下，浓度不很大时，$c_B \approx b_B$，所以

$$a(Cu^{2+}) \approx \gamma_{\pm} \cdot \frac{b(Cu^{2+})}{b^{\ominus}} \approx \gamma_{\pm} \cdot \frac{c(Cu^{2+})}{c^{\ominus}}$$

$$a(Zn^{2+}) \approx \gamma_{\pm} \cdot \frac{b(Zn^{2+})}{b^{\ominus}} \approx \gamma_{\pm} \cdot \frac{c(Zn^{2+})}{c^{\ominus}}$$

然后，利用Nernst方程计算原电池电动势的理论值。

实验的真实温度不一定是25℃，因此得到的实测值与25℃时的理论值比较，一定会有出入，所以误差在所难免。

【考核标准】

实验预习		实验操作		实验报告	
考核内容	成绩	考核内容	成绩	考核内容	成绩
1. 预习报告,记录表格 2. 课前提问(实验原理、操作要点、注意事项等)	0.5 0.5	1. 实验线路连接 2. 原电池的组装 3. 恒温槽操作 4. 测量电动势操作 5. 实验室纪律和卫生	1.0 1.0 0.5 2.0 0.5	1. 内容完整 2. 电动势计算 3. 未知溶液电池符号书写、pH的计算 4. 电池电动势的温度系数及热力学函数计算 5. 误差分析及思考题	0.5 1.0 1.0 1.0 0.5
合计	1.0	合计	5.0	合计	4.0

【选作课题】

1. 用于pH测量的棒式锑电极的制备和校正。
2. 用电动势滴定法测定含 Cl^-、Br^- 和 I^- 三种离子的混合液的浓度。

实验十一　电解质溶液摩尔电导率与弱电解质电离平衡常数的测定

【实验目的】

1. 掌握电导率法测定弱酸电离平衡常数的原理和方法。
2. 学会电导率仪的使用方法。
3. 测定一定温度下醋酸的电离平衡常数。
4. 测定盐酸的无限稀释摩尔电导率。

【预习要求】

1. 理解溶液的电导、电导率和摩尔电导率之间的关系。
2. 理解无限稀释摩尔电导率的概念。
3. 理解强、弱电解质溶液无限稀释摩尔电导率测定的区别。
4. 熟悉实验步骤。

【实验原理】

电导是表征物质导电能力的物理量，通常用 G 表示，其数值是电阻的倒数

$$G = \frac{1}{R} \tag{3-11-1}$$

电导的国际单位为西门子，用 S 表示。

电导率（以 κ 表示）表示单位长度、单位面积的导体所具有的电导。对电解质溶液而言，其电导率表示距离为单位距离的两极板间含有单位体积的电解质溶液时的电导。电导率的国际单位为 $S \cdot m^{-1}$。

摩尔电导率表示单位浓度的电解质溶液的电导率，是指相距为单位距离（SI 单位用 1m）的两极板间含有 1mol 电解质时，溶液的电导，以 Λ_m 表示：

$$\Lambda_m = \frac{\kappa}{c} \tag{3-11-2}$$

式中，c 为溶液的浓度，$mol \cdot m^{-3}$；Λ_m 为摩尔电导率，国际单位为 $S \cdot m^2 \cdot mol^{-1}$。

电解质溶液在浓度 c 接近于零时的摩尔电导率，称为无限稀释摩尔电导率 $\Lambda_{m,\infty}$。当溶液浓度逐渐降低时，正、负离子间相互作用减弱，所以摩尔电导率逐渐增大。科尔劳施（F. Kohlrausch）根据大量实验结果总结出，强电解质稀溶液的摩尔电导率 Λ_m 与 c 之间有如下关系：

$$\Lambda_m = \Lambda_{m,\infty} - A\sqrt{c}$$

式中，A 为经验常数。

可见，对于强电解质稀溶液，以 Λ_m 对 $\sqrt{c}$ 作图得直线，其截距即为无限稀释摩尔电导率。

弱电解质的摩尔电导率 Λ_m 与 c 不存在上述关系，因此不能用该方法测定弱电解质溶液的 $\Lambda_{m,\infty}$。当溶液无限稀释时，可认为弱电解质已经全部解离，并且离子之间的相互作用可

以忽略不计,此时,溶液的无限稀释摩尔电导率可以看做是独立的正、负离子无限稀释摩尔电导率的线性加和,即

$$\Lambda_{m,\infty} = \nu_+ \Lambda_{m,\infty,+} + \nu_- \Lambda_{m,\infty,-}$$

式中,$\Lambda_{m,\infty,+}$、$\Lambda_{m,\infty,-}$ 分别为正、负离子的无限稀释摩尔电导率;ν_+、ν_- 分别为电离反应中正、负离子的化学计量数。

弱酸属弱电解质,在溶液中是部分电离的。以醋酸为例,在水溶液中达到电离平衡,当溶液中离子强度很小时,其电离平衡常数与物质的量浓度 c 及其电离度 α 符合下式关系:

$$K_c^\ominus = \frac{\alpha^2}{1-\alpha}\left(\frac{c}{c^\ominus}\right) \tag{3-11-3}$$

式中,$K_c^\ominus$ 为醋酸的标准电离平衡常数,在一定温度下 $K_c^\ominus$ 是常数,与溶液组成无关,因此可以通过测定醋酸在不同浓度时的 α 代入式(3-11-3)求出 $K_c^\ominus$。因弱电解质部分电离,对电导有贡献的仅仅是已电离的部分,溶液中离子的浓度又很低,可以认为已电离出的离子独立运动,故近似有

$$\Lambda_m = \alpha \Lambda_{m,\infty}$$

即

$$\alpha = \frac{\Lambda_m}{\Lambda_{m,\infty}} \tag{3-11-4}$$

将式(3-11-4)代入式(3-11-3)得

$$K_c^\ominus = \frac{\Lambda_m^2}{\Lambda_{m,\infty}(\Lambda_{m,\infty} - \Lambda_m)}\left(\frac{c}{c^\ominus}\right) \tag{3-11-5}$$

式(3-11-5)可改写为

$$\frac{c\Lambda_m}{c^\ominus} = \frac{K_c^\ominus \Lambda_{m,\infty}^2}{\Lambda_m} - K_c^\ominus \Lambda_{m,\infty} \tag{3-11-6}$$

式(3-11-4)中的 $\Lambda_{m,\infty}$ 可由离子的无限稀薄摩尔电导率求算,即

$$\Lambda_{m,\infty}(CH_3COOH) = \Lambda_{m,\infty}(H^+) + \Lambda_{m,\infty}(CH_3COO^-) \tag{3-11-7}$$

待测溶液中含有水和醋酸,因此所测得的电导率值 $\kappa_{测}$ 为水和醋酸的电导率之和,即:

$$\kappa_{测} = \kappa_{水} + \kappa_{醋酸} \tag{3-11-8}$$

则有

$$\kappa_{醋酸} = \kappa_{测} - \kappa_{水} \tag{3-11-9}$$

测出水的电导率,利用式(3-11-8)求 $\kappa_{醋酸}$,代入式(3-11-2)可求不同浓度醋酸溶液的摩尔电导率 Λ_m,当求得醋酸的 $\Lambda_{m,\infty}$ 和测得不同浓度下的 Λ_m 后,根据式(3-11-6),以 $c\Lambda_m/c^\ominus$ 对 $1/\Lambda_m$ 作图可得一直线,由直线的斜率即可求算标准电离平衡常数 $K_c^\ominus$。

【仪器与试剂】

1. 仪器

DDS-11A 电导率仪一台,DJS-1 型镀铂黑电极一支;大试管两个;洗瓶一个;恒温水浴一台;50mL 容量瓶 4 个;25mL 移液管 1 个。

2. 试剂

0.20 mol·L^{-1} 的醋酸标准溶液。

【实验步骤】

1. 配制溶液。用 0.2 mol·L^{-1} 的醋酸标准溶液分别配制 0.05 mol·L^{-1}、0.04 mol·L^{-1}、

$0.03 mol \cdot L^{-1}$、$0.02 mol \cdot L^{-1}$、$0.01 mol \cdot L^{-1}$ 的醋酸溶液各 100mL。

2. 将恒温槽调节水温至测定需要温度。
3. 用蒸馏水淌洗大试管和电导电极三次（注意不要直接冲洗电极，以保护铂黑），再用 $0.01 mol \cdot L^{-1}$ 的醋酸溶液淌洗三次。往大试管中倒入适量 $0.01 mol \cdot L^{-1}$ 的醋酸溶液（使电导电极极板全部浸入溶液中），插入电导电极，将大试管在恒温水浴中恒温至少 15min。
4. 打开电导率仪的电源开关，将"量程选择"旋钮扳到最大测量挡。将"校正-测量"开关扳到"校正"位置，将"温度补偿"旋钮调到"25℃"。根据所用电极上标明的电极常数，调节"常数校正"旋钮至相应数值。
5. 将"校正-测量"开关扳到"测量"位置，调节"量程"旋钮，根据仪器显示数字的有效位数确定适当量程，此时，仪器所显示的数值即为该溶液的电导率。
6. 将"校正-测量"开关扳到"校正"位置，倒掉电导池中的溶液。用下一个较浓的醋酸溶液（$0.02 mol \cdot L^{-1}$）淌洗电导池和电极三次，倒入适量该溶液，插好电极，恒温 15min 后，按"步骤4、步骤5"所述测定其电导率。如此，按由稀到浓的顺序，测定其他浓度（$0.03 mol \cdot L^{-1}$、$0.04 mol \cdot L^{-1}$、$0.05 mol \cdot L^{-1}$）醋酸溶液的电导率。
7. 按上述步骤，测定不同浓度盐酸溶液的电导率。
8. 用蒸馏水将电导池和电导电极洗净，按"步骤4、步骤5"所述测定水的电导率。
9. 测量结束后，把电极浸泡在蒸馏水中。关闭电导率仪和超级恒温槽。

【注意事项】

1. 电导率仪不用时，应把铂黑电极浸在蒸馏水中，以免干燥致使表面发生改变。
2. 电导率仪的"温度补偿"旋钮始终置于"25℃"。
3. 实验中温度要恒定，测量必须在同一温度下进行。
4. 测定前，必须将电导电极及电导池洗涤干净，以免影响测定结果。
5. 电导率的国际单位应为 $S \cdot m^{-1}$，此种仪器面板上的单位为 $\mu S \cdot cm^{-1}$、$mS \cdot cm^{-1}$。

【实验记录】

室温：_____℃　大气压：_____kPa

电导率 $\kappa/S \cdot m^{-1}$	1	2	3	4	5
醋酸溶液					
盐酸					

【数据处理】

1. 计算 $\Lambda_{m,\infty}(CH_3COOH)$、各浓度醋酸溶液的 $\Lambda_m(CH_3COOH)$ 和 α。
2. 以 $c\Lambda_m/c^{\ominus}$ 对 $1/\Lambda_m$ 作图，从直线斜率求 $K_c^{\ominus}$。
3. 与文献值比较，求算相对误差。
4. 以盐酸的 Λ_m 对 $\sqrt{c}$ 作图，由直线的截距计算盐酸的无限稀释摩尔电导率 $\Lambda_{m,\infty}$。

【思考题】

1. 测定醋酸溶液的电导率时，为什么按由稀到浓的顺序进行？

2. 测电导时为什么要恒温？实验中进行常数校正和测溶液电导时，温度是否要一致？
3. 实验中为何用镀铂黑电极？使用时注意事项有哪些？
4. 测定醋酸溶液的电导率时，为什么要测纯水的电导率？
5. 弱电解质溶液的 Λ_m 对 $\sqrt{c}$ 作图不是直线，其无限稀释摩尔电导率不能用外推法求得。若要测定醋酸溶液的 $\Lambda_{m,\infty}$，应该怎样设计实验？

【讨论要点】

1. 醋酸溶液电导率测定时，若按由浓到稀的顺序对测定结果会有何影响？
2. 试讨论相对误差的影响因素。

【考核标准】

实验预习		实验操作		实验报告	
考核内容	成绩	考核内容	成绩	考核内容	成绩
1. 预习报告,记录表格	0.5	1. 醋酸溶液配制	1.0	1. 内容完整	0.5
2. 课前提问（实验原理、操作要点、注意事项等）	0.5	2. 恒温水浴操作	0.5	2. 数据处理及结果	2.5
		3. 电导率测定	3.0	3. 误差分析、讨论及思考题	1.0
		4. 实验室纪律和卫生	0.5		
合计	1.0	合计	5.0	合计	4.0

实验十二 电解质溶液活度系数的测定

【实验目的】

1. 测定不同浓度盐酸溶液的平均离子活度系数。
2. 计算盐酸溶液的活度。

【预习要求】

1. 熟悉平均离子活度系数、平均离子活度的概念。
2. 熟悉公式 $\gamma_B = a_B/(b_B/b^\ominus)$ 及 $a_{HCl} = a_{H^+} a_{Cl^-} = a_\pm^2 = (\gamma_\pm b_\pm/b^\ominus)^2$ 的使用。
3. 熟悉原电池电动势的测定方法。

【实验原理】

将理想液体混合物中某组分 B 的化学势表示式中的摩尔分数 x_B 代之以活度 a_B，即可表示真实液体混合物中组分 B 的化学势。活度与摩尔分数的关系为 $f_B = a_B/x_B$，f_B 为真实液体混合物中组分 B 的活度因子。

真实溶液中溶质 B，在温度 T、压力 p 下，溶质 B 的活度系数为

$$\gamma_B = a_B/(b_B/b^\ominus)$$

式中，γ_B 为活度系数（或称活度因子）；b_B 为质量摩尔浓度；$b^\ominus$ 为标准质量摩尔浓度。

电池 Ag｜AgCl｜HCl｜玻璃｜试液‖KCl(饱和)｜Hg_2Cl_2｜Hg 的电动势构成为

$$\varphi_{膜} \quad \varphi_L(液接电势) \quad \varphi_{Hg_2Cl_2|Hg}$$

←玻璃电极→ ｜ HCl 试液 ｜ ←甘汞电极→

其中，$\varphi_{玻璃} = \varphi_{AgCl|Ag} + \varphi_{膜}$。

该电池的电动势 $E = \varphi_{Hg_2Cl_2|Hg} + \varphi_L - \varphi_{玻璃}$ (3-12-1)

当实验温度为 25℃时，$\varphi_{膜} = K + 0.05916 \lg a$（$K$ 是由玻璃膜电极内、外膜表面性质决定的常数）。

$$\begin{aligned} E &= \varphi_{Hg_2Cl_2|Hg} + \varphi_L - \varphi_{AgCl|Ag} - K - 0.1183 \lg a_\pm \\ &= K' - 0.1183 \lg a_\pm \\ &= K' - 0.1183 \lg(\gamma_\pm b_\pm/b^\ominus) \end{aligned}$$ (3-12-2)

式中，$K' = \varphi_{Hg_2Cl_2|Hg} + \varphi_L - \varphi_{AgCl|Ag} - K$。

上式可改写为 $E = K' - 0.1183 \lg\gamma_\pm - 0.1183 \lg(b_\pm/b^\ominus)$，即

$$\lg\gamma_\pm = [K' - E - 0.1183 \lg(b_\pm/b^\ominus)]/0.1183$$ (3-12-3)

根据德拜-休克尔极限公式，对 1-1 价型电解质的稀溶液来说，活度系数有下述关系式：

$$\lg\gamma_\pm = -A\sqrt{b}$$ (3-12-4)

故 $[K' - E - 0.1183 \lg(b_\pm/b^\ominus)]/0.1183 = -A\sqrt{b}$

或 $E + 0.1183 \lg(b_\pm/b^\ominus) = K' + 0.1183 A\sqrt{b}$。

用不同浓度的 HCl 溶液分别构成单液电池，并分别测其电动势 E 值，以 0.1183 lg

$(b_\pm/b^\ominus)$ 为纵坐标,以 $\sqrt{b}$ 为横坐标作图,可得一直线,将此直线外推,即可求得 K'。求得 K' 后,再将各不同浓度 b 时所测得的相应 E 值代入式(3-12-2),就可以算出不同浓度下的平均离子活度系数 $\gamma_\pm$,同时根据 $a_{HCl}=a_{H^+}a_{Cl^-}=a_\pm^2=(\gamma_\pm b_\pm/b^\ominus)^2$ 的关系,算出各溶液中 HCl 相应的活度。

【仪器与试剂】

电位差计;玻璃电极;饱和甘汞电极;盐桥;导线;移液管若干支。
$0.1\ mol·L^{-1}$ 盐酸溶液。

【实验步骤】

1. 溶液配制

分别配制 $0.005 mol·L^{-1}$、$0.01 mol·L^{-1}$、$0.02 mol·L^{-1}$、$0.05 mol·L^{-1}$ 及 $0.1 mol·L^{-1}$ 的盐酸溶液各 50mL。

2. 不同浓度盐酸溶液电池电动势的测定

测定不同浓度 HCl 溶液构成的电池的电动势。

【注意事项】

1. 连接线路时,切勿将待测电池的正、负极接错。
2. 实验前,应先根据公式计算出实验温度下标准电池的电动势。
3. 每次测量前,要用待测液将电极洗干净,以免将溶液稀释。

【实验记录】

室温_____ 大气压_____

序号	浓度/ $mol·L^{-1}$	电动势 E/V 一	二	三	E 平均值/V
1	0.005				
2	0.01				
3	0.02				
4	0.05				
5	0.10				

【数据处理】

1. 求电极常数 K'。

将 $0.1183\ \lg(b_\pm/b^\ominus)$ 对 $\sqrt{b}$ 作图得到的直线外推,确定截距,再代入相应的电动势 E 值,即可求得 K'。

2. 计算不同浓度下盐酸的平均离子活度系数 $\gamma_\pm$。
3. 根据公式 $a_{HCl}=a_{H^+}a_{Cl^-}=a_\pm^2=(\gamma_\pm b_\pm/b^\ominus)^2$,分别计算各溶液中 HCl 的活度。

【思考题】

1. 试述电动势法测定电解质溶液平均离子活度系数的基本原理。

2. 当实验温度接近 25℃时，为何可用外推法来确定标准电动势？

【讨论要点】

1. 对本实验的结果进行误差分析，找出影响实验结果准确性的原因。
2. 请提出对本实验的改进意见。

【考核标准】

实验预习		实验操作		实验报告	
考核内容	成绩	考核内容	成绩	考核内容	成绩
1. 预习报告，记录表格	0.5	1. 盐酸溶液的配制	1.0	1. 内容完整	0.5
2. 课前提问（实验原理、操作要点、注意事项等）	0.5	2. 电位差计的使用	2.0	2. $0.1183\lg(b_\pm/b^\ominus)$-$\sqrt{b}$ 曲线	1.5
		3. 电动势的测定	1.0	3. 平均离子活度系数与活度的计算	1.0
		4. 实验室纪律和卫生	1.0	4. 误差分析、讨论及思考题	1.0
合计	1.0	合计	5.0	合计	4.0

实验十三　蔗　糖　水　解

【实验目的】

1. 测定蔗糖在酸催化下的水解反应的速率常数。
2. 了解蔗糖水解反应的反应物浓度与旋光度之间的关系。
3. 了解旋光仪的原理、构造,掌握旋光仪的正确操作方法。

【预习要求】

1. 掌握旋光度与蔗糖水解反应速率常数的关系。
2. 掌握 α_t 与 α_∞ 的测定方法。
3. 了解旋光仪的构造及使用方法。

【实验原理】

蔗糖水溶液在有 H^+ 存在时发生水解反应:

$$C_{12}H_{22}O_{11}(蔗糖) + H_2O \xrightarrow{H^+} C_6H_{12}O_6(葡萄糖) + C_6H_{12}O_6(果糖)$$

在纯水中,上述反应很慢,反应需在 H^+ 的催化作用下进行。当 H^+ 浓度一定,蔗糖溶液较稀时(水量远大于蔗糖量,水的浓度可视为常数),蔗糖水解反应为一级反应(应为准一级反应),其动力学方程可写成:

$$-\frac{dc(C_{12}H_{22}O_{11})}{dt} = kc(C_{12}H_{22}O_{11}) \tag{3-13-1}$$

令 c_0 为蔗糖的初始浓度,c_t 为反应进行 t(min)后的蔗糖浓度,k 为反应速率常数,将上式积分,可得:

$$\ln\frac{c_0}{c_t} = kt \tag{3-13-2}$$

只要 $\ln c_t$ 对 t 作图呈直线关系,就证明蔗糖水溶液的水解反应为一级反应,并可以由直线的斜率求得反应的速率常数 k。

蔗糖、葡萄糖、果糖都是旋光物质,它们的分子结构是不对称的。当偏振光通过它们的水溶液时,偏振光的平面将发生偏转。使之右旋者称为右旋物质,用正值表示,例如蔗糖、葡萄糖;使之左旋者称为左旋物质,用负值表示,例如果糖。它们的旋光度为:

$$[\alpha_{蔗}]_D^{20} = 66.65°$$

$$[\alpha_{葡}]_D^{20} = 52.5°$$

$$[\alpha_{果}]_D^{20} = -91.9°$$

式中,α 为 20℃时用钠黄光 D 线(波长约为 589nm)作光源测得的旋光度。

反应开始时溶液呈右旋。随着反应的进行,蔗糖量逐渐减少,葡萄糖和果糖的含量逐渐增加。同时,因果糖的左旋性大于葡萄糖的右旋性,故溶液的右旋角不断减小。当反应至某一时刻,溶液的旋光度为零。由于果糖的含量继续增大,而使溶液呈左旋性,并且果糖的左旋角大于葡萄糖的右旋角,因此在反应进行中,溶液将逐渐从右旋变为左旋。蔗糖的水解反应能进行到底，即蔗糖能完全反应，此时蔗糖的浓度 $c_\infty = 0$，溶液的左旋角达最大值。

物质的旋光度可用旋光仪测定。其值除与物质的本性有关外，还与测定时的温度、光线通过物质的距离及光源的波长等有关；若被测物质为溶液，则还与溶剂的性质有关。

设开始测得的旋光度为 α_0，经 t(min) 后测得旋光度为 α_t，反应完毕测得旋光度为 α_∞。

$$\alpha = kc$$

式中，k 为比例系数。

当测定是在同一台仪器、同一光源、同一长度的旋光管中进行时，浓度的变化与旋光度的变化成正比，且比例常数相同，因此：

$$(c_0 - c_\infty) \propto (\alpha_0 - \alpha_\infty); (c_t - c_\infty) \propto (\alpha_t - \alpha_\infty)$$

而 $c_\infty = 0$，则：

$$\frac{c_0}{c_t} = \frac{\alpha_0 - \alpha_\infty}{\alpha_t - \alpha_\infty}$$

代入式(3-13-2)，得：

$$k = \frac{1}{t} \ln \frac{c_0}{c_t} = \frac{1}{t} \ln \frac{\alpha_0 - \alpha_\infty}{\alpha_t - \alpha_\infty} \tag{3-13-3}$$

由式(3-13-3)知 $\ln(\alpha_t - \alpha_\infty)$ 对 t 作图，应得一直线。由直线的斜率 $m = -k$ 即可求得反应的速率常数 k。

当 $c_t = \frac{1}{2} c_0$ 时，反应所需时间称为反应的半衰期，用 $t_{1/2}$ 表示，则：

$$t_{1/2} = \frac{\ln 2}{k} \tag{3-13-4}$$

【仪器与试剂】

1. 仪器

旋光仪 1 套；超级恒温水浴 1 套；150mL 锥形瓶 2 个；50mL 量筒 2 个。

2. 试剂

蔗糖（A.R.）；3mol·L^{-1} HCl 溶液。

【实验步骤】

1. 参阅附录，了解旋光仪的原理、构造，并熟悉其使用方法。

2. 仪器调零

洗净旋光管，关闭一端，并充满蒸馏水。向旋光管中加水时应使液体形成凸液面，以免存在气泡。然后从上面水平盖上玻璃片，使其不漏水。用滤纸将旋光管外部擦干，玻璃片用软纸擦净，不能有水珠。将装满水的旋光管放在旋光仪暗匣内，开亮光源，眼对目镜，旋转检偏镜，同时调整焦距，直至视野暗度均匀，记下检偏镜旋转角度。重复测量几次，取其平均值，此平均值即为零点校正值。因为水（或空气）没有旋光性，故此时刻度盘读数为零。若读数有零位误差，则应在读数中加上（或减去）该偏差值进行零点校正。

3. α_t 的测定

将超级恒温水浴调节到 25℃。称取 10g 蔗糖放入锥形瓶中，用量筒量取 50mL 水，倒入锥形瓶中，使蔗糖溶解。同时，用量筒量取 3mol·L^{-1} 的 HCl 溶液 50mL 倒入另一个锥形瓶中，把两个锥形瓶一起放入恒温水浴中恒温 10min。然后，将已恒温的 HCl 溶液全部倒入蔗糖溶液中，当倒入一半时，记下反应开始的时间。迅速用反应液润洗旋光管两次，然后在旋光管中装满蔗糖溶液，并旋紧管帽（管中最好无气泡，若有较小气泡，应使之处于旋光管的缓冲部位），用滤纸将旋光管擦干，放入暗匣内，测定各个时间的旋光度。开始时旋光度变化较大，每次测量时间间隔为 2min 或 3min，测定 3～5 个数据后，再将旋光管放入超级恒温水浴中恒温 5min，以此类推。随着反应的进行，蔗糖溶液的浓度逐渐降低，反应速率变慢，可以将每次测量时间的间隔适当延长（如 5min、10min、15min、20min、30min），从反应开始大约需要连续测定 90min。

4. α_∞ 的测定

反应完毕后，将余液放置 48h，测其旋光度为 α_∞。为缩短实验时间，也可将余液置于 50～60℃ 水浴内温热 30min，然后冷却至室温。在实验温度下，再恒温 10～15min，测其旋光度为 α_∞。但必须注意，水浴温度不可过高，否则将产生副反应，使溶液颜色变黄。同时，在加热过程中，还要避免溶液蒸发，影响溶液的浓度，造成 α_∞ 测量的误差。

由于反应液酸度很大，因此旋光管要擦干净后才能放入旋光仪中，以免腐蚀旋光仪。实验结束后必须清洗旋光管。

【注意事项】

1. 因为是测定 25℃时的蔗糖水解反应，因而，在不测旋光度时，一定要将旋光管放在 25℃ 的水浴中。
2. 若旋光管内有小气泡，应使气泡处于旋光管的缓冲部位。玻璃片应擦干净，否则，将影响测量结果。
3. 装入 HCl 溶液和蔗糖溶液的旋光管一定要擦干净，以免腐蚀仪器。
4. 测 α_∞ 的水浴温度不能高于 60℃，否则会产生副反应。

【实验记录】

室温：_____℃；大气压：_____kPa；实验温度：_____℃
蔗糖浓度：_____mol·L^{-1}；反应中 HCl 溶液浓度：_____mol·L^{-1}

时间 t/min								
α_t								
$\alpha_t - \alpha_\infty$								
$\ln(\alpha_t - \alpha_\infty)$								

$\alpha_\infty =$ 斜率=   速率常数=

【数据处理】

1. 根据实验数据进行计算，将数据记录表填写完整。

2. 以 $\ln(\alpha_t - \alpha_\infty)$ 为纵坐标，时间 t 为横坐标作图，从所得直线的斜率求出反应的速率常数 k。

3. 由式(3-13-4) 计算蔗糖水解反应的半衰期。

【思考题】

1. 蔗糖水解反应的速率与哪些因素有关？
2. 为什么要用蒸馏水校正旋光仪的零点？本实验是否一定需要校正旋光仪的零点？
3. 如果本实验所用的蔗糖不纯，对实验有何影响？
4. 本实验是否可以不用蔗糖稀溶液而用蔗糖浓溶液？为什么？
5. 在蔗糖溶液和 HCl 溶液混合时，是将 HCl 溶液加入蔗糖溶液中。是否可以将蔗糖溶液加入 HCl 溶液中，为什么？

【讨论要点】

1. 引起本实验误差的主要因素，并分别说明是正误差，还是负误差。
2. 你对本实验有何改进建议？

【考核标准】

实验预习		实验操作		实验报告	
考核内容	成绩	考核内容	成绩	考核内容	成绩
1. 预习报告,记录表格	0.5	1. 溶液配制及恒温水浴调节	2.0	1. 内容完整	0.5
2. 课前提问(实验原理、操作要点、注意事项等)	0.5	2. 旋光仪的操作	1.5	2. 数据处理及作图	2.0
		3. α_∞ 测定	1.0	3. 计算过程及结果	1.0
		4. 实验室纪律和卫生	0.5	4. 误差分析、讨论及思考题	0.5
合计	1.0	合计	5.0	合计	4.0

【选做课题】

蔗糖水解属于酸催化反应，设计实验求酸催化反应的反应级数 n。考虑 H^+ 对反应速率的影响，有

$$k = k_0 + k(H^+) c^n(H^+)$$

用一系列 HCl 溶液进行实验，测得各表观速率常数 k 后，作图求 k_0 及 n。

附：旋光仪原理及使用

1. 原理

当有机化合物分子中含有不对称碳原子时，就具有旋光性。旋光性物质的旋光性可通过比旋光度测定。通常，自然光是在垂直于光线传播方向的平面内，沿各个方向振动，当自然光射入某种晶体（如水晶石）制成的偏振片或人造偏振片（聚碘乙烯醇薄膜）时，透出的光线只有一个振动方向，称为偏振光，如图 3-13-1 所示。当偏振光经过旋光性物质时，其偏振光平面可被旋转，产生旋光现象。此时偏振光平面旋转的角度称为旋光度。

一般以"比旋光度"作为量度物质旋光能力的标准。偏振光通过 10cm 长、$1 g \cdot mL^{-1}$

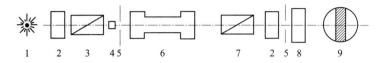

图 3-13-1　旋光仪的简单构造
1—光源；2—透镜；3—起偏镜；4—石英片；5—光阑；6—旋光管；
7—检偏镜；8—目镜；9—目镜视野

旋光性物质的溶液后所产生的旋光角，称为该溶液的比旋光度，即

$$[\alpha]_\lambda^t = \frac{100\alpha}{lc}$$

式中　α——所观察到的旋光角；

　　　λ——所用光的波长；

　　　t——测定温度；

　　　l——光通过溶液柱的长度，dm；

　　　c——100mL 溶液中旋光性物质的质量，g。

一般在 25℃ 时，用钠黄光 D 线（波长约为 589nm）作光源所测得的溶液的比旋光度记作 $[\alpha]_D^{25}$。由于比旋光度与溶剂的性质有关，故表示 α 时还应说明溶剂，如不说明，一般指水溶液。

在测旋光度时，若检偏镜是向右旋的（顺时针方向），则称为右旋，用"＋"号表示，若检偏镜是向左旋的（逆时针方向），则称为左旋，用"－"号表示。

2. WXG-4 型旋光仪的使用方法

(1) 旋光仪的光学系统

如图 3-13-1 所示，由光源 1 发出的光，经透镜 2、起偏镜 3、光阑 5 呈现三分视场。当通过含有旋光性物质的旋光管 6 时，偏振面发生旋转，光线经过检偏镜 7、目镜 8，通过聚焦手轮可清晰地看到三分视场，再通过转动测量手轮，使三分视场明暗程度一致。此时就可以从放大镜读出读数盘游标上的旋转角度，即旋光度。图 3-13-2 为旋光镜的视野（三分视场）。

(a)　　　　　　(b)　　　　　　(c)

图 3-13-2　旋光镜的视野

(2) 使用方法

称取适量样品，称准至 0.0002g，用适当溶剂溶解样品，放置、稀释至一定体积，摇匀。测定时待光源稳定，再将旋光管放入溶解样品的溶剂中。旋转检偏器，直到三分视场中间左、中、右三部分明暗程度相同，记录刻度盘读数，若仪器正常，此读数即为零

点。然后将配好的样品溶液放入已知厚度的旋光管中，此时三分视场的左、中、右的亮度出现差异，再旋转检偏镜，使三分视场的明暗程度均匀一致。记录刻度盘读数，准至 $0.01°$。前后两次读数之差即为被测样品的旋光度。可重复测定三次，记录平均值，应注意刻度盘的转动方向，顺时针为右旋，逆时针为左旋。将测得旋光度数值代入前述公式，求出比旋光度。

3. 注意事项

（1）仪器应放在空气流通、温度适宜的地方。

（2）钠光灯连续使用时间不宜超过 4h。

（3）旋光管使用后，应及时用蒸馏水清洗干净，擦干放好。

（4）镜片不能用不洁或硬质布、纸擦。

（5）不懂组装、校正仪器方法者，切勿随便拆动旋光仪。

实验十四 丙酮碘化反应

【实验目的】

1. 掌握用孤立法确定化学反应级数。
2. 测定酸催化作用下丙酮碘化反应的速率常数。
3. 加深对复杂反应特征的理解。

【预习要求】

1. 理解用孤立法确定反应速率方程的基本原理。
2. 了解 722 型光栅分光光度计的使用方法。
3. 在整体上了解实验的操作流程。

【实验原理】

酸催化的丙酮碘化反应是一个复杂反应,反应方程式为:

$$CH_3COCH_3 + I_2 \xrightarrow{H^+} CH_3COCH_2I + I^- + H^+ \quad (3\text{-}14\text{-}1)$$

假定速率方程可写成:

$$v = -\frac{dc_A}{dt} = -\frac{dc_{I_2}}{dt} = kc_A^x c_{I_2}^y c_{H^+}^z \quad (3\text{-}14\text{-}2)$$

式中,v 为反应速率;c_A、c_{I_2}、c_{H^+} 分别为丙酮、碘、盐酸的浓度;k 为速率常数;幂指数 x、y、z 分别为丙酮、碘、氢离子的反应级数。反应速率、速率常数和反应级数可由实验确定。本实验采用孤立法确定反应级数,即通过改变一个反应物浓度,维持另两个反应物浓度不变,由此可测得该反应物在反应中的级数。

实验发现,酸度不是很高时,丙酮卤化反应的速率与卤素的种类和浓度无关,因此丙酮碘化反应对碘的反应级数为零,即 $y=0$。如果在反应中丙酮和酸大大过量,即 $c_A \approx c_{H^+} \gg c_{I_2}$,那么在反应过程中,丙酮和酸的浓度可认为基本不变,在全部的碘被消耗之前反应速率为常数,即:

$$v = -\frac{dc_{I_2}}{dt} = kc_A^x c_{H^+}^z \approx kc_{A,0}^x c_{H^+,0}^z = C \quad (3\text{-}14\text{-}3)$$

如果能测定不同反应时间 t 碘的浓度 c_{I_2},并用 c_{I_2} 对 t 作图可得一直线,由式(3-14-3)可知,该直线斜率的负值即为反应速率 v。

碘在可见光区有一个很宽的吸收带,而丙酮和盐酸却没有明显的吸收,可以用分光光度计测定反应过程中碘浓度随时间的变化。根据朗伯-比耳(Lambert-Beer)定律:

$$A = -\lg T = -\lg\left(\frac{I}{I_0}\right) = abc_{I_2} \quad (3\text{-}14\text{-}4)$$

式中,A 为吸光度;T 为透光率;I 和 I_0 分别为某一定波长的光线通过待测溶液和空白溶液后的光强;a 为吸光系数;b 为样品池光径长度。通过测量已知准确浓度碘溶液的透光率,可以确定 ab。在不同时刻测量反应溶液的透光率,可以求得反应体系中碘的浓度。

在一定温度下,当丙酮取不同浓度 $c_{A,1}$ 和 $c_{A,2}$,而碘和酸的浓度恒定为 $c_{I_2,1}$ 和 $c_{H^+,1}$ 时,或者是当酸取不同浓度 $c_{H^+,1}$ 和 $c_{H^+,2}$,而碘和丙酮的浓度恒定为 $c_{I_2,1}$ 和 $c_{A,2}$ 时,有

$$v_1 = k c_{A,1}^x c_{H^+,1}^z \tag{3-14-5}$$

$$v_2 = k c_{A,2}^x c_{H^+,1}^z \tag{3-14-6}$$

$$v_3 = k c_{A,2}^x c_{H^+,2}^z \tag{3-14-7}$$

利用上面三个式子可求出丙酮碘化反应中丙酮和酸的反应级数,即

$$x = \frac{\lg v_1 - \lg v_2}{\lg c_{A,1} - \lg c_{A,2}} \tag{3-14-8}$$

$$z = \frac{\lg v_2 - \lg v_3}{\lg c_{H^+,1} - \lg c_{H^+,2}} \tag{3-14-9}$$

因此,为确定丙酮和酸的反应级数,需要做三组实验,每组实验反应物的初始浓度安排见表 3-14-1。

表 3-14-1　一定温度下丙酮碘化反应体系反应物浓度安排

编　号	反应物浓度		
	丙酮	盐酸	碘
Ⅰ	$c_{A,1}$	$c_{H^+,1}$	$c_{I_2,1}$
Ⅱ	$c_{A,2}$	$c_{H^+,1}$	$c_{I_2,1}$
Ⅲ	$c_{A,2}$	$c_{H^+,2}$	$c_{I_2,1}$

本实验中丙酮、氢离子、碘的浓度取值范围分别是 $0.1 \sim 0.5 \, \text{mol} \cdot \text{L}^{-1}$、$0.1 \sim 0.3 \, \text{mol} \cdot \text{L}^{-1}$、$0.001 \sim 0.005 \, \text{mol} \cdot \text{L}^{-1}$。

如果改变温度,测定另一温度下的反应速率常数,利用阿伦尼乌斯(Arrhenius S. A.)方程,可计算丙酮碘化反应的表观活化能为

$$E_a = \frac{RT_1T_2}{T_2 - T_1} \ln \frac{k_{T_2}}{k_{T_1}} \tag{3-14-10}$$

【仪器与试剂】

1. 仪器

722 型光栅分光光度计一套;超级恒温水浴一台;5mL、10mL 移液管各三支;50mL 容量瓶五个;250mL 磨口锥形瓶三个;停表一块;电子分析天平一台。

2. 试剂

丙酮溶液($2 \, \text{mol} \cdot \text{L}^{-1}$):称量配制;

盐酸溶液($1 \, \text{mol} \cdot \text{L}^{-1}$):用浓盐酸稀释得到,并用 $Na_2B_4O_7 \cdot 10H_2O$ 标定;

碘溶液($0.02 \, \text{mol} \cdot \text{L}^{-1}$):准确称取分析纯 KIO_3 0.1427g,在 50mL 烧杯中加少量水溶解,加入 1.1g 分析纯 KI,加热溶解,再加入 $0.41 \, \text{mol} \cdot \text{L}^{-1}$ 的盐酸 10mL 混合,倒入 100mL 容量瓶中,稀释至刻度(反应式为 $KIO_3 + 5KI + 6HCl = 3I_2 + 6KCl + 3H_2O$)。

盐酸和碘溶液由实验室老师事先配制。

【实验步骤】

1. 丙酮溶液配制及准备工作

开动超级恒温水浴，把温度调至 25℃。将蒸馏水、盐酸溶液和碘溶液分别置于 250mL 磨口瓶中，用恒温浴恒温。

将恒温水浴的恒温水通入分光光度计的比色水浴套内进行循环。接通分光光度计电源，预热 10min，调节吸收光波长至 565nm。

准确称量盛有约 20mL 蒸馏水的 50mL 容量瓶，滴加约 5.8g 分析纯丙酮，并准确称量，然后稀释至刻度。向 50mL 容量瓶中移入 5mL 碘溶液，用蒸馏水稀释至刻度。

2. 确定仪器系数 ab

在比色皿样品池中盛以 25℃蒸馏水，调节透光率为 100。

在另一个比色皿样品池中盛以稀释后的碘溶液，测量其吸光度三次并取平均值。由式 (3-12-4) 计算仪器系数 ab。

3. 测量三组不同配比反应体系的吸光度数据

三组不同反应体系的具体配比见表 3-14-2。

表 3-14-2 待测反应溶液的具体配比

温　　度	编号	丙酮体积/mL	盐酸体积/mL	碘溶液体积/mL
25℃	Ⅰ	5	10	10
	Ⅱ	10	10	10
	Ⅲ	10	5	10
35℃	Ⅳ	10	5	10

先用移液管将丙酮溶液和盐酸放入盛有约 15mL 蒸馏水的 50mL 容量瓶中，再移入碘溶液，用蒸馏水稀释至刻度，摇匀后迅速倒入比色皿中，放入比色室，开始计时。每分钟读取一次吸光度，读取 9 个数据后可停止。每次测量前要用蒸馏水校正吸光度。

测完一组数据后再配制下一组体系溶液，进行测量。

4. 将恒温水浴调整到 35℃，按照第三组溶液的配比再进行测量一次。

【注意事项】

1. 丙酮和盐酸溶液混合后不能放置，应及时加入碘溶液。
2. 吸光度的范围应为 0.1～0.7。
3. 实验的操作要快速准确，防止反应时间过长使得测量点过少。

【实验记录】

按照表 3-14-3 填写实验记录。

表 3-14-3 实验数据记录

编号	t/min	1	2	3	4	5	6	7	8	9
Ⅰ	T									
	c_{I_2}/mol·L^{-1}									

续表

编号	t/min	1	2	3	4	5	6	7	8	9
Ⅱ	T									
	c_{I_2}/mol·L^{-1}									
Ⅲ	T									
	c_{I_2}/mol·L^{-1}									
Ⅳ	T									
	c_{I_2}/mol·L^{-1}									

【数据处理】

1. 由碘标准溶液的吸光度，按式(3-14-4)计算仪器系数 ab。
2. 根据不同时刻测得的各溶液透光率计算出相应的碘浓度。
3. 用 c_{I_2} 对 t 作图，由斜率求得各体系的反应速率 v。
4. 由式(3-14-8)和式(3-14-9)计算丙酮和酸的反应级数。
5. 由式(3-14-5)～式(3-14-7)计算25℃的反应速率常数 k_{T_1} 并取平均值，计算35℃的反应速率常数 k_{T_2}。
6. 由式(3-14-10)计算丙酮碘化反应的表观活化能 E_a。

【思考题】

1. 在动力学实验中，正确计量反应时间很重要，本实验中从开始反应到开始计时，中间有一段操作时间，这对实验结果有无影响？为什么？
2. 能否将碘溶液、丙酮溶液和盐酸一起加入到容量瓶中，再用蒸馏水稀释至刻度，然后计时测量？

【讨论要点】

1. 影响本实验结果准确度的主要因素。
2. 配制反应体系时碘溶液、丙酮溶液和盐酸的加入顺序对实验结果的影响。

【考核标准】

实验预习		实验内容		实验报告	
考核内容	成绩	考核内容	成绩	考核内容	成绩
1. 预习报告	0.5	1. 丙酮溶液的配制	0.5	1. 内容完整	0.5
2. 课前提问	0.5	2. 分光光度计调节	0.5	2. c_{I_2}-t 曲线	2.0
		3. 确定仪器系数 ab	0.5	3. 丙酮和酸的反应级数	0.5
		4. 测量吸光度	3.0	4. 速率常数与活化能	0.5
		5. 实验室纪律与卫生	0.5	5. 思考题	0.5
合计	1.0	合计	5.0	合计	4.0

【选作课题】

丙酮溴化反应。

附：722 型分光光度计使用方法及注意事项

1. 使用方法

(1) 了解仪器的结构和原理，了解各个旋钮的功能。在接通电源前对仪器进行安全性检查，确认电源线连接牢固，各个调节旋钮处在正确挡位。

(2) 将灵敏度旋钮调至"1"挡。

(3) 开启电源，选择开关置于"T"，波长调至使用波长。预热 10min。

(4) 打开试样室盖，调节"0"旋钮，使数字显示为"0.00"。盖上试样室盖，将盛有蒸馏水的比色皿置于蒸馏水校正位置，调节"100％"旋钮，使数字显示为"100.0"。如果显示不到"100.0"，可适当增加灵敏度。改变灵敏度后要重新校正"0"和"100％"。尽可能用低的灵敏度以保证仪器的稳定性。

(5) 吸光度 A 的测量：按（4）调整仪器到"0.00"和"100％"后，将选择开关置于"A"，调节吸光度的调零旋钮，使得数字显示为"0"，然后分别将参比溶液和待测溶液的样品移入光路，显示值即是溶液的吸光度值。

2. 注意事项

(1) 比色皿每次使用后要清洗，并用擦镜纸轻轻擦净，存放于比色皿盒中。

(2) 测定波长在 360nm 以上时可用玻璃比色皿，波长在 360nm 以下时要用石英比色皿。比色皿外部用吸水纸吸干，不能用手触碰光滑的表面。

(3) 每台仪器配套的比色皿不能与其他仪器的比色皿互换使用。如需增补，需要征得学校同意。

(4) 不测量时，应使样品室的盖处于开启状态，避免光电管疲劳和数字显示不稳定。

(5) 开关样品室盖时应小心，防止损坏光门开关。

(6) 大幅度改变波长，需要稍等片刻，待光电管平稳后再调节"0"和"100％"。

实验十五　乙酸乙酯皂化反应

【实验目的】

1. 用电导率法测定乙酸乙酯皂化反应的反应级数、速率常数和活化能。
2. 通过实验掌握实验原理和电导率仪的使用方法。

【预习要求】

1. 了解电导率法测定化学反应速率常数的原理。
2. 掌握如何用图解法求二级反应的速率常数及如何计算反应的活化能。
3. 了解电导率仪和恒温水浴的使用方法及注意事项。

【实验原理】

1. 反应速率方程

乙酸乙酯皂化反应为典型的二级反应，其反应式为

$$CH_3COOC_2H_5 + NaOH \longrightarrow CH_3COONa + C_2H_5OH$$
$$\quad\quad A \quad\quad\quad\quad B \quad\quad\quad\quad\quad C \quad\quad\quad D$$

其速率方程为

$$-\frac{dc_A}{dt} = k c_A c_B \tag{3-15-1}$$

当 $c_{A,0} = c_{B,0}$，即反应物 A、B 的初始浓度相同时，上式简化为

$$-\frac{dc_A}{dt} = k c_A^2 \tag{3-15-2}$$

积分得

$$k = \frac{1}{t}\left(\frac{1}{c_A} - \frac{1}{c_{A,0}}\right) \tag{3-15-3}$$

因此，由实验测得不同时间 t 时的 c_A 值，以 $\frac{1}{c_A}$ 对 t 作图，得一直线，从直线的斜率便可求出 k 值。

2. 反应物浓度 c_A

不同时间下反应物浓度 c_A 可用化学分析法确定，也可用物理化学分析法确定，本实验采用电导率法测定。

对稀溶液，强电解质的电导率与其浓度成正比。对于乙酸乙酯皂化反应来说，溶液的电导率是反应物 NaOH 与产物 CH_3COONa 两种电解质的贡献，即

$$\kappa_t = A_1 c_A + A_2 (c_{A,0} - c_A) \tag{3-15-4}$$

式中　κ_t ——t 时刻溶液的电导率；
A_1、A_2 ——NaOH 与 CH_3COONa 溶液的电导率与浓度关系的比例系数。

反应开始时，溶液的电导率全由 NaOH 贡献；反应完毕后，溶液的电导率全由 CH_3COONa 贡献，因此

$$\kappa_0 = A_1 c_{A,0} \tag{3-15-5}$$

$$\kappa_\infty = A_2 c_{A,0} \tag{3-15-6}$$

$$c_A = \frac{\kappa_t - \kappa_\infty}{\kappa_0 - \kappa_\infty} \cdot c_{A,0} \tag{3-15-7}$$

代入动力学积分式(3-15-3)中，得

$$k = \frac{1}{t} \cdot \frac{1}{c_{A,0}} \cdot \frac{\kappa_0 - \kappa_t}{\kappa_t - \kappa_\infty} \tag{3-15-8}$$

移项后，得

$$\kappa_t = \frac{1}{k} \cdot \frac{1}{c_{A,0}} \cdot \frac{\kappa_0 - \kappa_t}{t} + \kappa_\infty \tag{3-15-9}$$

由式(3-15-9)可知，以 κ_t 对 $\frac{\kappa_0 - \kappa_t}{t}$ 作图可得一直线，其斜率等于 $\frac{1}{kc_{A,0}}$，由此可求得反应的速率常数 k。

3. 反应活化能的计算

变换皂化反应温度，根据阿伦尼乌斯公式 $\ln \frac{k_2}{k_1} = \frac{E_a}{R}\left(\frac{1}{T_1} - \frac{1}{T_2}\right)$，求出该反应的活化能 E_a。

【仪器与试剂】

1. 仪器

DDSJ-308A 型电导率仪 1 台；恒温水浴 1 台；电导电极 1 支；混合反应器 1 个；大试管 1 支；100mL 容量瓶 1 个；15mL 移液管 3 支；1mL 移液管 1 支。

2. 试剂

已知浓度的 NaOH 溶液；乙酸乙酯（A.R.）。

【实验步骤】

1. 恒温水浴调至 25℃。
2. 反应物溶液的配制

将盛有乙酸乙酯的磨口锥形瓶置于恒温水浴中，恒温 10min。然后，用带有刻度的移液管移取 V 体积（mL）乙酸乙酯，置于预先放有一定量蒸馏水的 100mL 容量瓶中，再加蒸馏水稀释至刻度，所移取乙酸乙酯的体积 V(mL) 可用下式计算：

$$V = \frac{M_Z \, c_{NaOH} \times 100}{d_Z^{20} \, w_Z \times 1000} \tag{3-15-10}$$

式中，$M_Z = 88.11 \text{g} \cdot \text{mol}^{-1}$；$d_Z^{20} = 0.9005 \text{kg} \cdot \text{L}^{-1}$；$w_Z$ 和 c_{NaOH} 见所用药品标签。

3. κ_0 的测定

(1) 在一个烘干洁净的大试管内，用移液管移入电导水和 NaOH 溶液（新配制并已标定浓度）各 15mL，摇匀，并插入已经用蒸馏水淋洗并用滤纸小心吸干的（注意：滤纸切勿触及两电极上的铂黑）带有橡皮塞的电导电极，塞好塞子，将其置于恒温水浴中恒温。

(2) 开启 DDSJ-308A 型电导率仪电源开关，按下"ON/OFF"键，仪器将显示厂标、仪器型号、名称。按"模式"键选择"电导率测量"状态，仪器自动进入上次关机时的测量工作状态。此时仪器采用的参数已设好，可直接进行测量，待样品恒温 10min 后，记录电导率仪显示的电导率值。

(3) 将电导电极取出，用蒸馏水淋洗干净后插入盛有蒸馏水的烧杯中，大试管中的溶液保留待用。

4. κ_t 的测定

(1) 取一个烘干洁净的混合反应器，用移液管向其粗管中移入 15mL 新配制的乙酸乙酯溶液。插入附有橡皮塞的 260 型电导电极（插入前应用蒸馏水淋洗，并用滤纸小心吸干，滤纸切勿触及两电极的铂黑），用另一支移液管向其细管中移入 15mL 已知浓度的 NaOH 溶液，然后将其置于 25℃ 的恒温水浴中恒温（注意 NaOH 和乙酸乙酯两种溶液此时不能混合）。

(2) 恒温 10min 后，倾斜混合反应器，迅速将细管中的 NaOH 溶液全部移入粗管（注意不要用力过猛，以免粗管中的溶液溅到橡皮塞上）。此时皂化反应开始，记录反应开始时间。为了使反应物混合均匀，应再迅速将混合液的一半移回细管，再立即移入粗管，如此反复三次，最后将溶液全部移入粗管后不动，当反应进行到 1min、2min、3min…时，记录电导率仪显示的数值，反应 15min 后，停止测定。

(3) 将电导电极取出，用蒸馏水淋洗干净后插入盛有蒸馏水的烧杯中。取出混合反应器，用蒸馏水洗净，放入烘箱中烘干。

5. 在 30℃ 下测定

将恒温水浴的温度调至 30℃，重复实验步骤 3、4，测定 30℃ 下的 κ_0、κ_t。

【注意事项】

1. NaOH 溶液中应无碳酸盐等杂质，乙酸乙酯需新配制，水用电导水。
2. 准确读取温度，准确量取溶液。
3. 电导率仪采用的参数已在实验前调好，整个实验过程不需再调。

【实验记录】

25℃	$c_{A,0}$/mol·L^{-1}=					κ_0/S=					k/L·mol^{-1}·min^{-1}=				
t/min	1	2	3	4	5	6	7	8	9	10	11	12	13	14	15
κ_t/S·m^{-1}															
$(\kappa_0-\kappa_t)$/S·m^{-1}															
$\dfrac{\kappa_0-\kappa_t}{t}$/S·m^{-1}·min^{-1}															
30℃	$c_{A,0}$/mol·L^{-1}=					κ_0/S=					k/L·mol^{-1}·min^{-1}=				
t/min	1	2	3	4	5	6	7	8	9	10	11	12	13	14	15
κ_t/S·m^{-1}															
$(\kappa_0-\kappa_t)$/S·m^{-1}															
$\dfrac{\kappa_0-\kappa_t}{t}$/S·m^{-1}·min^{-1}															

【数据处理】

1. 根据实验数据进行计算，将数据记录表填写完整。

2. 以 κ_t 对 $\left(\dfrac{\kappa_0-\kappa_t}{t}\right)$ 作图，由所得直线判定该反应为二级，并求反应速率常数 k，用 L·mol^{-1}·min^{-1} 表示。

3. 根据实验结果计算该反应的活化能。

【思考题】

1. 为什么 NaOH 溶液要准确标定，乙酸乙酯要新配制？在配制时容量瓶为什么要预先放有蒸馏水？
2. 为什么乙酸乙酯与 NaOH 溶液的浓度必须足够稀？且初始浓度还要相等？
3. 为什么粗、细两管的溶液要尽快混合完毕？
4. 怎样确定反应开始（$t=0$）的实验点？

【讨论要点】

1. 指出影响实验结果的主要因素。如何计算实验误差？
2. 你对本实验有何改进建议？

【考核标准】

实验预习		实验操作		实验报告	
考核内容	成绩	考核内容	成绩	考核内容	成绩
1. 预习报告,记录表格	0.5	1. 溶液配制及恒温水浴调节	2.0	1. 内容完整	0.5
2. 课前提问(实验原理、操作要点、注意事项等)	0.5	2. 电导率仪的操作	1.0	2. 数据处理及作图	1.5
		3. κ_0、κ_t 的测定	1.5	3. 计算过程及结果	1.5
		4. 实验室纪律和卫生	0.5	4. 误差分析、讨论及思考题	0.5
合计	1.0	合计	5.0	合计	4.0

【选做课题】

按照以下各式处理实验数据，分别求出反应速率常数 k，并比较各种方法。

(1) $\dfrac{\kappa_0 - \kappa_t}{\kappa_t - \kappa_\infty} = k c_{A,0} t$

(2) $\kappa_t = \dfrac{1}{k c_{A,0}} \dfrac{\kappa_0 - \kappa_t}{t} + \kappa_\infty$

(3) $\dfrac{1}{\kappa_t - \kappa_\infty} = \dfrac{k c_{A,0}}{\kappa_0 - \kappa_t} t$

附：电导率仪

1. 仪器键盘说明

键盘如图 3-15-1 所示。

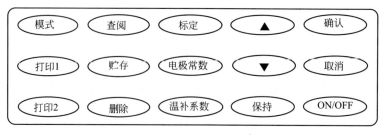

图 3-15-1　键盘

仪器面板上共有 15 个操作键，分别为：模式、打印 1、打印 2、查阅、贮存、删除、标定、电极常数、温补系数、▲、▼、保持、确认、取消、ON/OFF。各键功能分别定义如下。

"模式"键：用于电导率、TDS 及盐度测量工作状态之间的转换。

"打印 1"键：用于打印当前的测量数据。

"打印 2"键：用于打印储存的测量数据。

"查阅"键：用于查阅仪器所储存的测量数据。

"贮存"键：用于储存测量数据。

"删除"键：用于删除全部储存的测量数据。

"标定"键：用于标定电极常数或 TDS 转换系数。

"电极常数"键：用于设置电极常数或 TDS 转换系数。

"温补系数"键：用于设置温度补偿系数。

"▲"、"▼"键：用于调节参数。

"保持"键：用于锁定本次测量数据。

"确认"键：用于确认仪器当前的操作数据或操作状态。

"取消"键：用于从各种工作状态返回到测量状态。

"ON/OFF"键：用于仪器的开机或关机。

2. 电导率仪的使用

(1) 开机。按下"ON/OFF"键，仪器有电导率、TDS、盐度三种测试功能，按"模式"键可以在三种模式间进行转换，使仪器进入电导率测量状态。

(2) 电极常数设置。在电导率测量状态下，按"电极常数"键，选择电极常数挡次，调节当前挡次下的电极常数值，用"▲"或"▼"键修改到电极标出的电极常数值。

(3) 按"确认"键，仪器自动将电极常数值存入并返回测量状态，在测量状态中显示此电极常数值。

(4) 温补系数设置。在电导率测量状态下，按"温补系数"键，仪器进入温补系数调节状态，用"▲"或"▼"键修改测量溶液的温补系数，最后按"确认"键，仪器自动将修改好的温度补偿系数存入并返回测量状态。

(5) 待测溶液电导率的测量。将电导电极放入待测溶液中，仪器将显示电导率数值。

实验十六 氨基甲酸铵分解反应标准平衡常数的测定

【实验目的】

1. 掌握一种测定系统平衡压力的方法——等压法。
2. 测定不同温度下氨基甲酸铵的分解压力。
3. 计算相应温度下该分解反应的标准平衡常数 $K^{\ominus}$、标准摩尔反应焓变 $\Delta_r H_m^{\ominus}$、标准摩尔反应吉布斯函数变 $\Delta_r G_m^{\ominus}$ 及标准摩尔反应熵变 $\Delta_r S_m^{\ominus}$。
4. 掌握真空泵、恒温水浴、气压计的使用。

【预习要求】

1. 理解实验原理,能够根据实验原理分析实验步骤。
2. 熟悉实验步骤,理解实验步骤所能验证的实验原理。
3. 根据自己的理解,书写预习报告。

【实验原理】

氨基甲酸铵是合成尿素的中间体,是白色固体,很不稳定,加热时按下式分解:

$$NH_2COONH_4(s) \rightleftharpoons 2NH_3(g) + CO_2(g) \tag{3-16-1}$$

根据化学式判据,分解达到平衡时,反应的标准平衡常数 $K^{\ominus}$ 为

$$\begin{aligned} K^{\ominus} &= \left(\frac{p_{NH_3}}{p^{\ominus}}\right)^2 \left(\frac{p_{CO_2}}{p^{\ominus}}\right) \\ &= p_{NH_3}^2 \, p_{CO_2} (p^{\ominus})^{-3} \\ &= K_p (p^{\ominus})^{-3} \end{aligned} \tag{3-16-2}$$

$$K_p = p_{NH_3}^2 \cdot p_{CO_2} \tag{3-16-3}$$

式中,p_{NH_3}、p_{CO_2} 分别为平衡系统中 NH_3、CO_2 的分压。

在一定温度下,固体物质的蒸气压具有定值,与固体的量无关,所以平衡系统中氨基甲酸铵的分压 $p_{NH_2COONH_4(s)}$ 是常数,与平衡常数合并,故在式(3-16-2)中不出现。

因为温度不高时,固体物质氨基甲酸铵的分压 $p_{NH_2COONH_4(s)} \ll p_{NH_3}$,$p_{NH_2COONH_4(s)} \ll p_{CO_2}$,系统的总压等于 p_{NH_3}、p_{CO_2} 之和,即

$$p_{总} = p_{NH_3} + p_{CO_2} \tag{3-16-4}$$

从化学反应计量式可知,1mol $NH_2COONH_4(s)$ 分解生成 2mol $NH_3(g)$ 和 1mol $CO_2(g)$,则 $p_{NH_3} = 2p_{CO_2} = \frac{2}{3} p_{总}$,将此关系代入式(3-16-3),有

$$K_p = \left(\frac{2}{3} p_{总}\right)^2 \left(\frac{1}{3} p_{总}\right) = \frac{4}{27} p_{总}^3 \tag{3-16-5}$$

将式(3-16-5)代入式(3-16-2),得标准平衡常数为

$$K^{\ominus} = \frac{4}{27} p_{总}^3 (p^{\ominus})^{-3} \tag{3-16-6}$$

当化学反应达到平衡时,测量系统的总压 $p_总$,由 $p_总$ 计算出 K_p,进而计算出标准平衡常数 $K^\ominus$。

由化学反应等压方程可知,标准平衡常数与温度的关系为

$$\left(\frac{\partial \ln K^\ominus}{\partial T}\right)_p = \frac{\Delta_r H_m^\ominus}{RT^2} \tag{3-16-7}$$

式中,T 为热力学温度,K;$\Delta_r H_m^\ominus$ 为标准摩尔反应焓变,J·mol^{-1};当温度在不太大的范围内变化时,$\Delta_r H_m^\ominus$ 可视为常数,对式(3-16-7) 进行不定积分得

$$\ln K^\ominus = -\frac{\Delta_r H_m^\ominus}{R} \times \frac{1}{T} + C' \tag{3-16-8a}$$

或

$$\lg K^\ominus = -\frac{\Delta_r H_m^\ominus}{2.303R} \times \frac{1}{T} + C \tag{3-16-8b}$$

式中,C' 和 C 为积分常数。

作 $\ln K^\ominus$-$\frac{1}{T}$ 图,得一直线,如图 3-16-1 所示,直线斜率 $m = -\frac{\Delta_r H_m^\ominus}{R}$,由斜率可计算出:

$$\Delta_r H_m^\ominus = -mR$$
$$\Delta_r G_m^\ominus = -RT\ln K^\ominus$$
$$\Delta_r S_m^\ominus = \frac{\Delta_r H_m^\ominus - \Delta_r G_m^\ominus}{T}$$

【仪器与药品】

实验装置一套(如图 3-16-2 所示);氨基甲酸铵。

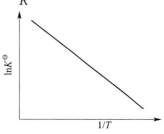

图 3-16-1　$\ln K^\ominus$-$1/T$ 图

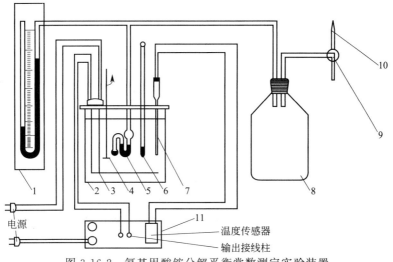

图 3-16-2　氨基甲酸铵分解平衡常数测定实验装置

1—U 形压差计;2—玻璃钢水浴;3—加热器;4—搅拌器;5—等压计;6—温度计;
7—感温元件;8—缓冲瓶;9—三通旋塞;10—毛细管;11—温度指示控制仪

【实验步骤】

1. 检漏

检查并确认装有药品的等压管已经与系统连接好,旋转三通旋塞使系统与真空系统接

通，启动真空泵，能将系统压力减小到700mmHg的真空度，可认为系统密闭性良好。

循环水真空泵在开启和关闭的时候都要和大气相通，否则容易造成循环水倒吸至反应系统。

2. 调温

调节温度控制仪，控制水浴温度在25.00℃左右，恒温15min。

温度控制仪液晶面板上左边是目标温度，右边是当前温度（测量温度），水浴的实际温度要以水银温度计的示数为准。例如，当前温度是20℃，而水银温度计的温度是18℃，那么水浴的实际温度就是18℃。在这种情况下，要使水浴温度为25℃，温控仪的目标温度应调节为27℃。

3. 检纯及测量

在真空泵运行且未与大气相通的状态下，使系统与真空泵连通，抽气至少15min。抽的时间长，有利于将系统内的空气和残留气体抽净。

旋转三通旋塞，使系统与真空泵隔开，再缓缓调节旋塞，使空气经毛细管进入系统（给系统增压），当等压计U形管两壁中的汞面高度平齐时立即关闭旋塞。观察汞面高度变化，若汞面高度发生变化，则继续调节旋塞。这个过程往往经过3~4次调节，每次调节完成后观察2~3min，若等压计中汞面高度可保持5min不变，则读取压差计上的汞高差、恒温槽温度、大气压。

再旋转旋塞将系统与真空泵接通，继续抽气5min，按上述方法重新测定25℃时的分解压力，如果两次测量的结果相差在2mmHg内，可以进行第二个温度（30℃）下分解压力的测定。

每隔5℃测量一组数据，共测量5~6组数据，即分别测定25℃、30℃、35℃、40℃、45℃和50℃下的压差计汞高差、恒温槽温度、大气压。数据记入表3-16-1中。

表3-16-1 实验记录（一）

温度		大气压 p/Pa	汞柱高度		
t/℃	T/K		左支汞高 H_L/mmHg	右支汞高 H_R/mmHg	汞高差 ΔH/mmHg
25.0					
30.0					
35.0					
40.0					
45.0					
50.0					

注：根据实验仪器的不同，压差也可以用Pa表示。

若室温高于25℃，则从高于室温1℃的温度开始测量。每调整到一个新的温度，都要使系统恒温至少10min。因为氨基甲酸铵的分解压随温度的提高而增大，所以从第二个温度（30℃）起，系统不再需要重新抽真空。

【数据处理】

1. 校正汞高和汞高差，计算平衡压力（=大气压－汞高差）。

温度会影响水银的密度和刻度标尺的长度，考虑了这两个因素，用下面的公式校正：

$$p_0 = p_t \left(1 - \frac{0.1819 \times 10^{-3} - 18.4 \times 10^{-6}}{1 + 0.1819 \times 10^{-3} t} \times t \right) \approx p_t(1 - 0.000163t)$$

式中，0.1819×10^{-3} 是汞的体胀系数，18.4×10^{-6} 是黄铜的线胀系数。

注意：本实验用的是水银压差计，单位是 Pa，如果转化为 mmHg，直接除以 9.8 就可以。

2. 计算平衡常数。

3. 以 $\ln K^{\ominus}$ 对 $\frac{1}{T}$ 作图，由斜率求 $\Delta_r H_m^{\ominus}$。

4. 计算 25℃ 或 30℃ 时的 $\Delta_r G_m^{\ominus}$、$\Delta_r S_m^{\ominus}$。

5. 结果记入表 3-16-2。

表 3-16-2 实验记录（二）

温度			平衡压力		计算结果				
$t/℃$	T/K	$1/T/K^{-1}$	表观压 p/kPa	校正压 p/kPa	$10^4 K^{\ominus}$	$\ln K^{\ominus}$	$\dfrac{\Delta_r H_m^{\ominus}}{kJ \cdot mol^{-1}}$	$\dfrac{\Delta_r G_m^{\ominus}}{kJ \cdot mol^{-1}}$	$\dfrac{\Delta_r S_m^{\ominus}}{J \cdot mol^{-1} \cdot K^{-1}}$
25.0									
30.0									
35.0									
40.0									
45.0									
50.0									

【思考题】

1. 如何检查系统是否漏气？
2. 检纯的原理是什么？
3. 在实验装置中，安装缓冲瓶和使用毛细管的原理是什么？
4. 如何从压差计测得系统压力，直接读得的汞高为什么需要校正？

【讨论要点】

1. 分析实验结果，讨论产生误差的原因。
2. 总结实验心得，对实验提出建议。

【考核标准】

实验预习		实验操作		实验报告	
考核内容	成绩	考核内容	成绩	考核内容	成绩
1. 预习报告	0.5	1. 系统检漏和真空泵操作	1.0	1. 内容完整	0.5
2. 课前提问（实验原理、操作要点、注意事项等）	0.5	2. 系统压力调节	2.0	2. 作图	1.5
		3. 系统温度调节	1.0	3. 准确性	1.0
		4. 实验室纪律和卫生	1.0	4. 实验讨论及思考题	1.0
合计	1.0	合计	5.0	合计	4.0

实验十七　胶体的制备和电泳

【实验目的】

1. 利用不同的方法制备胶体。
2. 观察并熟悉胶体的丁铎尔现象及电泳现象。
3. 掌握电泳法测定 $Fe(OH)_3$ 胶体的电泳速度及电动电势的原理和方法。

【预习要求】

1. 了解 $Fe(OH)_3$ 胶体的制备及纯化方法。
2. 掌握 $Fe(OH)_3$ 胶体电动电势的测定方法。
3. 明确求算 ζ 电势公式中各物理量的意义。
4. 了解丁铎尔现象及电泳现象。

【实验原理】

1. 胶体的制备

胶体的制备方法可分为分散法和凝聚法。分散法是用适当的方法把较大的物质颗粒变为胶体大小的质点；凝聚法是先制成难溶物分子（或离子）的过饱和溶液，再使之相互结合成胶体粒子而得到胶体。$Fe(OH)_3$ 胶体的制备采用凝聚法，即通过化学反应使 $Fe(OH)_3$ 呈过饱和状态，然后胶体粒子再结合成胶体。

2. 胶体的纯化

胶体体系中常含有其他杂质，而影响其稳定性，因此必须纯化。常用的纯化方法是半透膜渗析法。

3. 胶体的光学性质

胶体的光学性质是胶体的高度分散性和多相性的反映。通过对胶体光学性质的研究，可帮助我们理解胶体系统的性质，观察胶体粒子的运动，测定其大小及形状等。

根据光学原理，把一束光投射到分散粒子上，当分散粒子的直径大于入射光的波长时，光投射在粒子上起反射作用；当分散粒子的直径小于入射光的波长时，光波可以绕过粒子而向各个方向传播，这就是光的散射作用。散射出来的光叫做乳光。由于胶粒的直径小于可见光的波长，因此，对于胶体系统来说，光的散射作用最明显。当一束光透过胶体时可看到"光路"，即丁铎尔现象，而真溶液并无此现象。据此可判断液态混合物是胶体还是真溶液。

4. 胶体的电泳现象

在胶体分散体系中，由于胶体本身的电离或胶粒对某些离子的选择性吸附，使胶粒的表面带有一定的电荷。在外电场作用下，胶粒向异性电极定向泳动，这种胶粒向正极或负极移动的现象称为电泳。带有电荷的胶粒与分散介质间的电势差称为电动电势，用符号 ζ 表示，电动电势的大小直接影响胶粒在电场中的移动速度。原则上，任何一种胶体的电动现象都可以用来测定电动电势，其中最方便的是用电泳现象中的宏观法来测定，也就是通过观察胶体与另一种不含胶粒的导电液体的界面在电场中的移动速度来测定电动电势。ζ 电势与胶粒的性质、介质成分及胶体的浓度有关。在指定条件下，ζ 电势的数值可根据亥姆霍兹方程

式计算

$$\zeta = \frac{3.6 \times 10^{10} \pi \eta u}{\varepsilon H} \quad (V) \tag{3-17-1}$$

式中　η——介质的黏度（本实验为水的黏度），Pa·s；
　　　ε——介质的介电常数，对于水，$\varepsilon = 81$；
　　　u——电泳速度，m·s^{-1}；
　　　H——电位梯度，V·m^{-1}，即单位长度上的电位差。

$$H = \frac{E}{L} \tag{3-17-2}$$

式中　E——外加电场的电压，V；
　　　L——两极间的距离，m，本实验取 $L = 0.33$m。

对于一定的胶体而言，若固定 E 和 L，测得胶粒的电泳速度（$u = \frac{\Delta h}{t}$，Δh 为胶粒移动的距离，t 为通电时间），即可求出 ζ 电势。

【仪器与试剂】

1. 仪器

电泳仪 1 台；电泳测定管 1 个；电导率仪 1 台；漏斗 1 个；搅拌棒 1 支；长滴管 2 支；烧杯 3 个（800mL、250mL、100mL）；试管 5 个；丁铎尔现象观测箱；移液管（10mL）2 个；铁架台 2 个。

2. 试剂

HCl 溶液（3mol·L^{-1}）；Fe(OH)$_3$ 胶体；硫黄；酒精；AgNO$_3$（0.01mol·L^{-1}）；KI（0.01mol·L^{-1}）。

【实验步骤】

1. 溶胶的制备

（1）AgI 溶胶

AgI 微溶于水（9.7×10^{-7}mol·L^{-1}），当硝酸银液态混合物与易溶于水的碘化物混合时，应析出沉淀。但是如果混合成稀液态混合物时取其中之一过量，则不产生沉淀，而是形成溶胶。溶胶的性质与过剩离子的种类有关。在此，溶胶的电荷是由于过剩离子被 AgI 吸附所致。在 AgNO$_3$ 过剩时，得正电荷的胶团，其结构式为：

$$\{m[AgI]nAg^+(n-x)NO_3^-\}^{x+} \cdot xNO_3^-$$

当 KI 过剩时，得负电性的胶团，其结构式为：

$$\{m[AgI]nI^-(n-x)K^+\}^{x-} \cdot xK^+$$

用移液管移取 5mL 0.01mol·L^{-1} KI 液态混合物注入小试管中，然后再移取 3mL 0.01mol·L^{-1} AgNO$_3$ 液态混合物慢慢地滴入，制得带负电性的 AgI 溶胶（1号）。

按上述方法取 5mL 0.01mol·L^{-1} AgNO$_3$ 液态混合物加入 3mL 0.01mol·L^{-1} KI 液态混合物中，制得带正电性的溶胶（2号）。

（2）硫溶胶（了解部分，不在实验课上完成）

取少量硫黄于试管中，注入 2mL 酒精，加热至沸，重复数次，使得硫黄充分溶解，未冷却前把清液倒入盛 20mL 蒸馏水的烧杯中，搅匀，制得 3 号溶胶。

2. 溶胶的电泳现象

（1）Fe(OH)$_3$ 溶胶的制备及纯化（由实验室准备）

（2）辅助液的配制

① 电导率仪的使用。校正：在打开电源前，先检查电导率仪表头的指针是否归零，如果未归零，用螺丝刀旋表头下部的螺丝使之归零；归零后，打开电源，将校正、测量切换开关扳向校正方向，然后按照电导电极常数（电导电极上标注）调节常数旋钮至电导电极常数值，再调节调正旋钮使指针指向满刻度，校正结束。

测量：将校正、测量切换开关扳向测量方向，将电导电极插入待测溶液中显示的即为其电导率值。

② 盐酸辅助液的配制。用电导率仪测定 Fe(OH)$_3$ 溶胶的电导率。

在 100mL 小烧杯中加入 50mL 左右的蒸馏水，将电导电极插入蒸馏水中，用滴管逐滴加入 3mol·L^{-1} 盐酸溶液，边滴加边摇匀，直至盐酸水溶液的电导率值与 Fe(OH)$_3$ 溶胶的电导率值一致为止，此稀盐酸溶液即为待用的辅助液。

注：a. 电导电极需在使用前在蒸馏水中浸泡活化；b. 每次使用前，要将电导电极冲洗干净并擦净。

（3）装置仪器和连接线路

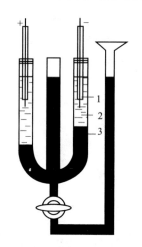

图 3-17-1　电泳实验装置图
1—铂电极；2—HCl 溶液；
3—Fe(OH)$_3$ 溶胶

测定装置如图 3-17-1 所示。

将电泳管按装置图连接好。打开活塞，将 Fe(OH)$_3$ 溶胶由小漏斗沿壁慢慢倒入，当溶胶在活塞上部刚刚露头时，关闭活塞，继续由小漏斗沿壁慢慢倒入 Fe(OH)$_3$ 溶胶，并同时挤压胶管排气泡（注意：溶胶中不能有气泡），将溶胶加至接近满漏斗时停止加入。用移液管将活塞上部露头的多余的溶胶吸净，并用配制好的 HCl 辅助液润洗三次活塞上部（倒进去吸出来），随后再加入配制好的 HCl 辅助液至电泳管的 "0" 刻度左右。插入稳压电泳仪上连接的铂电极但不要塞紧，打开活塞一部分使 Fe(OH)$_3$ 溶胶缓慢进入电泳管，直至盐酸辅助液的液面上升至浸入电极 1cm 左右，塞紧电极。

（4）溶胶电泳现象的观察

开启稳压电泳仪电源，将电压调节在 40~50V，关闭电源，读取溶胶及盐酸辅助液清晰界面的刻度；再开启电源，同时开始计时，60min 后关闭电源，再读取溶胶及盐酸辅助液清晰界面的刻度；根据两次读取刻度的差值得出溶胶及盐酸辅助液界面移动的距离 Δh。

（5）实验后处理

实验结束后，取下稳压电泳仪上连接的铂电极，冲洗干净；将漏斗从架上取下并将漏斗倒扣在大烧杯中，打开活塞，电泳管中的液体全部流出，再用蒸馏水反复冲洗至干净，将漏斗倒置。最后将废液回收至回收瓶中。

【注意事项】

1. 胶体制备的条件及药品用量要严格按照实验要求进行。
2. 观察丁铎尔现象时眼睛与入射光的角度一定要垂直。
3. 辅助液的电导率要与 Fe(OH)$_3$ 胶体的电导率相等。

4. 在加 Fe(OH)$_3$ 胶体时要沿小漏斗壁慢慢注入,避免胶体中出现气泡。

5. 打开活塞时要小心,不要晃动电泳管,这样才能使胶体与辅助液的界面清晰。

【实验记录】

1. 丁铎尔现象记录表

胶 体	1号	2号	3号
丁铎尔现象 (填有或无)			

2. 电泳现象记录表

实验温度:_____℃; η=_____Pa·s

电泳时间 t/min	电压 E/V	两极间的距离 L/m	胶体界面移动距离 Δh/m

【数据处理】

1. 计算电泳速度 u(m·s^{-1})。
2. 计算电位梯度 H(V·m^{-1})。
3. 计算 ζ 电势 (V)。

【思考题】

1. 什么是胶体系统?胶体系统有哪些特征?
2. 丁铎尔现象是如何产生的?
3. 胶体为什么会带电?何时带正电?何时带负电?为什么?
4. 本实验中所用的稀 HCl 溶液的电导率必须和所测胶体的电导率相等或尽量接近,为什么?
5. 电泳速度与哪些因素有关?
6. 辅助液起什么作用?在电泳测定中如不用辅助液,把两电极直接插入胶体中会发生什么现象?

【讨论要点】

1. 胶粒大小对其性质的影响。
2. 电流、电压对胶粒电泳的影响。
3. 通过本实验,你的体会是什么?对本实验有何改进意见?

【考核标准】

实验预习		实验操作		实验报告	
考核内容	成绩	考核内容	成绩	考核内容	成绩
1. 预习报告,记录表格 2. 课前提问(实验原理、操作要点、注意事项等)	0.5 0.5	1. 胶体制备和丁铎尔现象的观察 2. 电泳操作 3. 实验室纪律和卫生	2.0 2.0 1.0	1. 内容完整 2. 数据处理及结果 3. 误差分析、讨论及思考题	1.0 2.0 1.0
合计	1.0	合计	5.0	合计	4.0

实验十八 溶胶的制备、纯化及聚沉值的测定

【实验目的】

1. 学习溶胶制备的基本原理，掌握溶胶的制备及纯化方法。
2. 了解影响溶胶稳定性的主要因素。
3. 制备 $Fe(OH)_3$ 溶胶并将其纯化，测定几种电解质的聚沉值。

【预习要求】

1. 掌握实验原理。
2. 掌握实验过程，能够达到通过预习与同组同学合作完成实验的目的。
3. 在实验报告的预习部分需要完成以下内容：明确实验目的；根据自己的理解用简练的语言清楚表述实验原理及实验过程；将实验记录部分的表格描画清楚。

【实验原理】

溶胶是指极细的固体颗粒分散在液体介质中的分散体系，其颗粒大小在 1～1000nm 之间，若颗粒再大则称为悬浮液。要制备出比较稳定的溶胶一般需满足两个条件：①固体分散相的质点大小必须在胶体分散度的范围内；②固体分散质点在液体介质中要保持分散不聚结，因此，一般需加稳定剂。

制备溶胶原则上有两种方法：①将大块固体分割成胶体分散度的大小，此法称分散法；②使小分子或离子聚集成胶体大小，此法称为凝聚法。

1. 分散法

分散法主要有三种方式，即机械研磨、超声分散和胶溶分散。

(1) 研磨法

常用的设备主要有胶体磨和球磨机等。胶体磨有两片靠得很近的磨盘或磨刀，均由坚硬耐磨的合金或碳化硅制成。当上下两磨盘以高速反向转动时（转速 5～10kr/min），粗粒子就被磨细。在机械研磨中胶体磨的效率较高，但一般也只能将质点磨细到 $1\mu m$ 左右。

(2) 超声分散法

频率高于 16kHz 的声波称为超声波。高频率的超声波传入介质，在介质中产生相同频率的疏密交替，对分散相产生很大撕碎力，从而达到分散效果。此法操作简单，效率高，经常用于胶体分散及乳状液的制备。

(3) 胶溶法

胶溶法是把暂时聚集在一起的胶体粒子重新分散成溶胶。例如，氢氧化铁、氢氧化铝等的沉淀实际上是胶体质点的聚集体，由于制备时缺少稳定剂，故胶体质点聚在一起而沉淀。此时若加入少量电解质，胶体质点因吸附离子而带电，在适当搅拌下沉淀便会重新分散成溶胶。

有时质点聚集成沉淀是因为电解质过多，设法洗去过量的电解质也会使沉淀转化成溶胶。利用这些方法使沉淀转化成溶胶的过程称为胶溶作用。

2. 凝聚法

主要有化学反应法及更换介质法。此法的基本原则是形成分子分散的过饱和溶液，控制条件，使不溶物在成胶体质点大小时析出。此法与分散法相比不仅在能量上有利，而且可以制成高分散度的胶体。

(1) 化学反应法

凡能生成不溶物的复分解反应、水解反应以及氧化还原反应等皆可用来制备溶胶。由于离子的浓度对溶胶的稳定性有直接影响，在制备溶胶时要注意控制电解质的浓度。

(2) 更换介质法

此法利用同一种物质在不同溶剂中溶解度相差悬殊的特性，使溶解于良溶剂中的溶质，在加入不良溶剂后，因其溶解度下降而以胶体粒子的大小析出，形成溶胶。此法制作溶胶方法简便，但得到的胶体粒子较大。

在溶胶中，分散相质点很小，这就使得溶胶具有许多与小分子溶液和粗分散体系不同的性质。这种性质主要有动力性质（包括布朗运动、扩散与沉降等）、光学性质（包括光散射现象等）、流变性质、电性质、表面性质以及由许多性质所决定的稳定性。

根据胶体体系的动力性质可知，强烈的布朗运动使得溶胶分散相质点不易沉降，具有一定的动力学稳定性。但是由于分散相的相界面大，故有强烈的聚结趋势，因而这种体系是热力学不稳定体系。此外，由于多种原因使胶体质点表面常带有电荷，带有相同符号电荷的质点不易聚结，从而提高了体系的稳定性。带电质点对电解质十分敏感，在电解质作用下胶体质点因聚结而下沉的现象称为聚沉。在指定条件下使某溶胶聚沉时，电解质的最低浓度称为聚沉值，聚沉值的单位常用 $mol \cdot L^{-1}$ 表示。

影响聚沉的主要因素有反离子的价数、离子的大小及同号离子的作用等。一般来说，反离子价数越高，聚沉效率越高，聚沉值越小，聚沉值大致与反离子价数的 6 次方成反比，满足 Schulze-Hardy 规则，即

(聚沉值)三价离子∶二价离子∶一价离子$=(1)^6∶(1/2)^6∶(1/3)^6=100∶1.6∶0.14$

【仪器与试剂】

1. 仪器

滴定管；烧杯；试管；量筒；锥形瓶；移液管。

2. 试剂

三氯化铁溶液（20%）；氨水（10%）；乙醇（95%）；乙醚；硝化纤维；NaCl 溶液（$0.5mol \cdot L^{-1}$）；Na_2SO_4 溶液（$0.1mol \cdot L^{-1}$）及 $K_3[Fe(CN)_6]$ 溶液（$0.001mol \cdot L^{-1}$）。

【实验步骤】

1. 胶溶法制备 $Fe(OH)_3$ 溶胶

取 1mL 20%的 $FeCl_3$ 溶液放入 100mL 小烧杯中，加水稀释至 10mL，用滴管滴加 10%的氨水至稍微过量；过滤，用 10mL 水洗涤数次。将沉淀转入另一个 100mL 小烧杯中，加水 20mL，再加入约 1mL 20%的 $FeCl_3$ 溶液，加热搅拌至沉淀消失，制得棕红色透明的 $Fe(OH)_3$ 溶胶。

2. 火棉胶系半透膜的制备

火棉胶系半透膜可用硝化纤维的酒精-乙醚溶液制成，极易燃，操作时必须远离火源，

保持通风良好。半透膜孔径由溶液成分决定,硝化纤维和乙醚含量高,则孔小;反之,酒精含量高,则孔粗。火棉胶制造半透膜配方如表 3-18-1 所示。

本实验采用细孔隔膜对 $Fe(OH)_3$ 溶胶透析进行纯化,半透膜制备的具体操作如下。

将一个 500mL 的锥形瓶洗净烘干,将火棉胶溶液倒入锥形瓶中,倾斜锥形瓶并慢慢地转动,使锥形瓶均匀地沾上一层胶液,然后倒出过剩的火棉胶溶液。待溶剂挥发干净,再用电吹风冷风挡吹至无乙醚气味。当火棉胶干后(指不粘手),将瓶口的胶膜剥离开一小部分,从该剥离口慢慢地加入蒸馏水,胶袋逐渐与瓶壁剥离。取出胶袋,胶袋灌水悬空,检验半透膜渗水速度及是否存在漏孔(若有漏孔,只需擦干孔周围的水;用玻璃棒蘸火棉胶溶液少许,轻轻接触漏孔,即可补好),将合格的半透膜在蒸馏水中浸泡待用。

表 3-18-1　火棉胶制造半透膜配方

火棉胶成分	硝化纤维	酒　精	乙　醚
细孔隔膜	6g	质量分数 95%,25mL	75mL
中孔隔膜	4g	无水酒精 25mL	50mL
粗孔隔膜	2g	质量分数 90%,50mL	50mL

3. $Fe(OH)_3$ 溶胶的纯化

将上面制备的 $Fe(OH)_3$ 溶胶倒入火棉胶袋,并悬挂在盛有蒸馏水的大烧杯中,每小时换 1 次蒸馏水,直到分别用 1% 的 KSCN 及 $AgNO_3$ 溶液检验水中无 Fe^{3+} 和 Cl^- 时渗析便可结束(也可用测得的溶胶电导率来判断溶胶的纯度)。

4. $Fe(OH)_3$ 溶胶聚沉值的测定

用移液管向 3 个干净并烘干的 100mL 锥形瓶中各移入 10mL 经过渗析的 $Fe(OH)_3$ 溶胶,然后分别用滴定管逐滴加入 NaCl 溶液($0.5 mol·L^{-1}$)、Na_2SO_4 溶液($0.1 mol·L^{-1}$)及 $K_3[Fe(CN)_6]$ 溶液($0.001 mol·L^{-1}$)至各个锥形瓶中。每滴一滴电解质溶液,都必须充分搅动,至少 1min 内不出现浑浊才可以滴加第二滴;直到溶胶刚刚产生浑浊并不消失为止。记下此时所需各电解质溶液的体积数用于计算聚沉值。

【实验记录及数据处理】

1. 将测得的实验数据记录到表 3-18-2 中。

表 3-18-2　实验数据记录

电解质	电解质浓度 $c/mol·L^{-1}$	滴入体积 V_1/mL	溶胶的体积 V_2/mL	聚沉值 $\delta/mol·L^{-1}$
NaCl				
Na_2SO_4				
$K_3[Fe(CN)_6]$				

2. 根据电解质的浓度及聚沉时滴入的体积数据,按下式计算电解质的聚沉值:

$$聚沉值(\delta) = cV_1/(V_1+V_2)$$

3. 根据电解质的类型及聚沉值,判断溶胶的带电情况,以及是否符合 Schulze-Hardy 规则。

【注意事项】

1. 胶溶作用只能用于新鲜的沉淀。若沉淀放置过久,小粒经过老化,出现粒子间的连接或变成了大的粒子，就不能利用胶溶作用来达到重新分散的目的。

2. $Fe(OH)_3$ 沉淀胶溶前，应尽量洗去沉淀吸附的电解质，最好洗至水为中性。

【思考题】

1. 什么是溶胶？溶胶具有的基本特性是什么？溶胶的动力性质、电性质、光学性质有哪些？

2. 什么是溶胶的稳定性？影响因素有哪些？

【考核标准】

实验预习		实验操作		实验报告	
考核内容	成绩	考核内容	成绩	考核内容	成绩
1. 预习报告	0.5	1. 溶胶的制备及纯化	2.0	1. 报告完整性	1.0
2. 课前提问（原理、步骤、要点等）	0.5	2. 溶胶的稳定性	2.0	2. 数据处理及结果	2.0
		3. 纪律与卫生	1.0	3. 讨论及其他	1.0
合计	1.0	合计	5.0	合计	4.0

实验十九 小分子液体和高聚物黏度的测定

【实验目的】

1. 用奥氏黏度计测定乙醇的黏度。
2. 用乌氏黏度计测定高聚物溶液的黏度。
3. 测定聚乙烯醇的摩尔质量。

【预习要求】

1. 了解奥氏黏度计测定乙醇黏度的基本原理和方法。
2. 掌握用乌氏黏度计测定高聚物溶液黏度的原理和方法。
3. 了解黏度法测定高聚物摩尔质量的基本原理和方法。

【实验原理】

1. 乙醇黏度的测定

液体黏度是以不同速度移动着的液体层间相互摩擦的结果，是液体流动时内摩擦力大小的反映。如图 3-19-1 所示，液体在管路中（容器中）呈层状流动时，所有液层从器壁到中心以逐层增加的速度彼此平行地移动着。

如果两液层的速度分别等于 v_1 和 v_2，彼此相距为 d(m)，则在相距为 1m 的层间速度变化值为 $(v_2-v_1)/d$；摩擦力 F 与液层相对移动速度及接触面积 S 成正比，与液层间距离成反比。

$$F=\eta \frac{v_2-v_1}{d}S$$

式中，比例系数 η 为内摩擦系数或黏度，其值决定于液体的性质和温度。黏度的单位为 Pa·s(帕斯卡·秒)。

黏度测定可按照液体流经毛细管的速度来进行，液体在毛细管中流动，则可通过 Poiseuille 公式计算黏度系数（简称黏度）。

$$\eta=\frac{\pi r^4 pt}{8lV} \tag{3-19-1}$$

式中 V——时间 t 内从毛细管内流出的液体体积，m^3；

r——毛细管半径，m；

p——管两端的压力差，Pa；

t——流动的时间，s；

l——毛细管的长度，m。

图 3-19-1 管路中层流液体的流速分布

由于毛细管半径 r 在方程中呈现 4 次方关系，它的测量精度极大地影响 η 的值。通常，不直接测定方程式中各物理量来计算绝对黏度,而是测定液体对基准液体(如水)的相对黏度。在已知基准液体的绝对黏度时,可算出被测液体的绝对黏度。

设两种液体在自身重力下分别流经同一毛细管,且流出体积相同,那么有

$$\eta_1 = \frac{\pi r^4 p_1 t_1}{8VL} \qquad \eta_2 = \frac{\pi r^4 p_2 t_2}{8VL}$$

对同一仪器来说,$\frac{\pi r^4}{8VL}$ 为常数,称为仪器常数,以 K 表示,则

$$\eta_1 = K p_1 t_1 \qquad \eta_2 = K p_2 t_2$$

两式相比,得 $\dfrac{\eta_1}{\eta_2} = \dfrac{p_1 t_1}{p_2 t_2}$ (3-19-2)

式中,$p_1 = h_1 g \rho_1$,$p_2 = h_2 g \rho_2$;h_1、h_2 分别为两液柱的高度;ρ_1、ρ_2 分别为两液体的密度。

因为所取液体体积相同,所以 $h_1 = h_2$,则

$$\frac{p_1}{p_2} = \frac{\rho_1}{\rho_2}$$

故

$$\frac{\eta_1}{\eta_2} = \frac{\rho_1 t_1}{\rho_2 t_2} \tag{3-19-3}$$

由上式可知,测定了已知黏度的液体和同体积未知黏度的液体流经同一毛细管的时间,并知道它们的密度,就可以按式(3-19-3)计算待测液体的黏度。本实验以水为基准液体,利用奥氏黏度计测定乙醇的黏度。奥氏黏度计的构造如图 3-19-2 所示。

2. 高聚物黏度的测定

高聚物是由单体分子经加聚或缩聚过程得到的。在高聚物中,由于聚合度的不同,每个高聚物分子的大小并非都相同,致使高聚物的分子量大小不一,参差不齐,且没有一个确定的值。因此,高聚物的摩尔质量是一个统计平均值。高聚物的摩尔质量不仅反映高聚物分子的大小,而且直接关系到它的物理性质,是一个重要的参数。

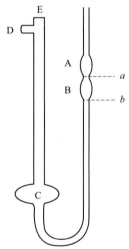

图 3-19-2 奥氏黏度计

测定高聚物摩尔质量的方法有渗透压法、光散射法、黏度法及超离心沉降平衡法等,不同方法所测得的平均摩尔质量也有所不同。黏度法的设备简单,操作方便,并有较好的实验精度,是常用的测定高聚物摩尔质量的方法,用此法测得的摩尔质量称为黏均摩尔质量。

高聚物溶液的黏度特别大,原因在于其分子链长度远大于溶剂分子,加上溶剂化作用,使其在流动时受到较大的内摩擦力。纯溶剂的黏度反映了溶剂分子间的内摩擦力,高聚物溶液的黏度则是高聚物分子间的内摩擦力、高聚物分子与溶剂分子间的内摩擦力以及溶剂分子间内摩擦力三者之和。在相同温度下,高聚物溶液的黏度 η 大于纯溶剂的黏度 η_0,即 $\eta > \eta_0$。为了比较这两种黏度,引入增比黏度的概念,以 η_{sp} 表示。

$$\eta_{sp} = \frac{\eta - \eta_0}{\eta_0} = \eta_r - 1 \tag{3-19-4}$$

式中，η_r 称为相对黏度，定义为溶液黏度与纯溶剂黏度的比值，即

$$\eta_r = \frac{\eta}{\eta_0} \tag{3-19-5}$$

η_r 反映的也是黏度行为，而 η_{sp} 则表示已扣除了溶剂分子间的内摩擦效应。

高聚物的增比黏度 η_{sp} 往往随浓度 c 的增加而增加。为了便于比较，将单位浓度所显示的增比黏度 $\frac{\eta_{sp}}{c}$ 称为比浓黏度，而 $\frac{\ln\eta_r}{c}$ 称为比浓对数黏度。当溶液无限稀释时，高聚物分子彼此相隔甚远，它们之间的相互作用可以忽略，此时有关系式

$$\lim_{c\to 0}\frac{\eta_{sp}}{c} = \lim_{c\to 0}\frac{\ln\eta_r}{c} = [\eta] \tag{3-19-6}$$

式中，$[\eta]$ 称为特性黏度，它反映的是高聚物分子与溶剂分子之间的内摩擦，其数值取决于溶剂的性质以及高聚物分子的大小和形态。由于 η_r 和 η_{sp} 均是无因次量，所以 $[\eta]$ 的单位是浓度 c 单位的倒数。

在足够稀的高聚物溶液里，$\frac{\eta_{sp}}{c}$ 与 c、$\frac{\ln\eta_r}{c}$ 与 c 之间分别符合下述经验关系式：

哈金斯（Huggins）方程 $\dfrac{\eta_{sp}}{c} = [\eta] + \kappa[\eta]^2 c$ （3-19-7）

克拉默（Kraemer）方程 $\dfrac{\ln\eta_r}{c} = [\eta] - \beta[\eta]^2 c$ （3-19-8）

式中，κ 和 β 分别称为 Huggins 和 Kraemer 常数。其中 κ 表示溶液中聚合物之间和聚合物与溶剂分子之间的相互作用，κ 值一般来说对摩尔质量并不敏感。这是两个直线方程，通过 $\frac{\eta_{sp}}{c}$ 对 c、$\frac{\ln\eta_r}{c}$ 对 c 作图，外推至 $c\to 0$ 时所得的截距即为 $[\eta]$。显然，对于同一高聚物，由上面两个线性方程作图外推所得截距应交于同一点，如图 3-19-3 所示。

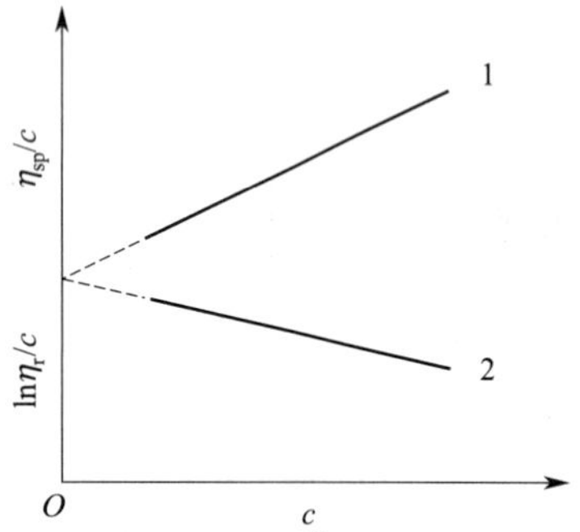

图 3-19-3 $\dfrac{\eta_{sp}}{c}$-c（1）和 $\dfrac{\ln\eta_r}{c}$-c（2）曲线

在一定温度和溶剂条件下，特性黏度 $[\eta]$ 和高聚物摩尔质量 M 之间的关系通常用 Mark-Houwink 经验方程式来表示：

$$[\eta] = kM^\alpha \tag{3-19-9}$$

式中，M 是黏均摩尔质量；k 和 α 是与温度、高聚物及溶剂性质有关的常数。k 值对温度较为敏感，α 值取决于高聚物分子链在溶剂中的舒展程度。

可以看出，高聚物摩尔质量的测定最后归结为溶液特性黏度 $[\eta]$ 的测定。液体黏度的测定方法有三类，即落球法、转筒法和毛细管法。前两种适用于高、中黏度的测定，毛细管法适用于较低黏度的测定。本实验采用毛细管法，用乌氏黏度计（如图 3-19-4 所示）进行测定。当液体在重力作用下流经毛细管时，遵守 Poiseuille 定律：

$$\eta = \frac{\pi r^4 p t}{8Vl} = \frac{\pi h\rho g r^4 t}{8Vl} \tag{3-19-10}$$

式中，t 是体积为 V 的液体流经毛细管的时间；l 为毛细管的长度。用同一支黏度计在相同条件下测定两种液体的黏度时，它们的黏度之比就等于密度与流出时间的乘积之比，即

$$\frac{\eta_1}{\eta_2}=\frac{\rho_1 t_1}{\rho_2 t_2} \tag{3-19-11}$$

如果用已知黏度为 η_1 的液体作为参考液体，则待测液体的黏度 η_2 可通过上式求得。

在测定溶液和溶剂的相对黏度时，如果是稀溶液（$c<10\text{kg}\cdot\text{m}^{-3}$），溶液的密度与溶剂的密度可近似地看作相同，则相对黏度可以表示为：

$$\eta_r=\frac{\eta}{\eta_0}=\frac{t}{t_0} \tag{3-19-12}$$

式中，η、η_0 为溶液和纯溶剂的黏度；t 和 t_0 分别为溶液和纯溶剂的流出时间。

在实验中，只要测出不同浓度下高聚物的相对黏度，即可求得 η_{sp}、$\dfrac{\eta_{sp}}{c}$ 和 $\dfrac{\ln\eta_r}{c}$。作 $\dfrac{\eta_{sp}}{c}$ 对 c 和 $\dfrac{\ln\eta_r}{c}$ 对 c 关系图，外推至 $c\rightarrow 0$ 时可得 $[\eta]$，在已知 k、α 值的条件下，可由式(3-19-9)计算出高聚物的摩尔质量。黏度的名称、符号及物理意义见表 3-19-1。

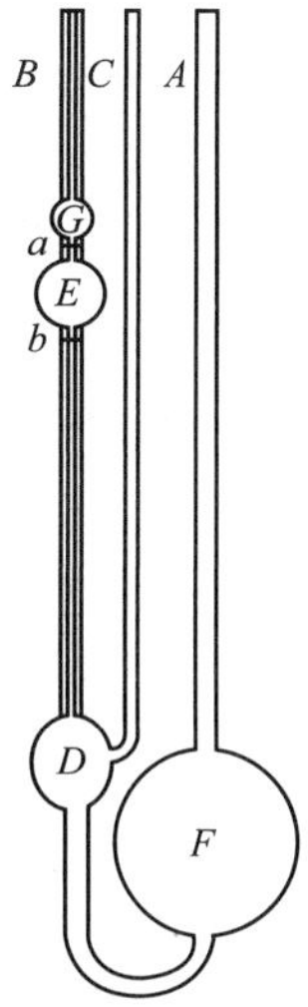

图 3-19-4 乌氏黏度计示意图

表 3-19-1 黏度的名称、符号及物理意义

符号	名称与物理意义
η_0	纯溶剂的黏度，溶剂分子与溶剂分子间的内摩擦表现出来的黏度
η	溶液的黏度，溶剂分子与溶剂分子之间、高聚物分子与高聚物分子之间和高聚物与溶剂分子之间三者内摩擦的综合表现
η_r	相对黏度，$\eta_r=\dfrac{\eta}{\eta_0}$，溶液黏度对溶剂黏度的相对值
η_{sp}	增比黏度，$\eta_{sp}=\dfrac{\eta-\eta_0}{\eta_0}=\eta_r-1$，反映了高聚物分子与高聚物分子之间，纯溶剂与高聚物分子之间的内摩擦效应
η_{sp}/c	比浓黏度，单位浓度下所显示出的黏度
$[\eta]$	特性黏度，$[\eta]=\lim\limits_{c\rightarrow 0}\dfrac{\eta_{sp}}{c}$，反映了高聚物分子与溶剂分子之间的内摩擦，其单位是浓度单位的倒数

【仪器与试剂】

玻璃恒温水浴1套，奥氏黏度计一支，乌氏黏度计一支，1/10秒表一块，打气球一个，10mL 移液管两支，夹子，2000mL 容量瓶，500mL 烧杯，砂芯漏斗（5号），蒸馏水，无水乙醇，聚乙烯醇稀溶液（$w=0.1\%$）。

【实验步骤】

1. 乙醇黏度的测定

(1) 实验前将黏度计用洗液和蒸馏水洗净烘干（实验室已做好）。

(2) 调节恒温槽，使其恒温在 30℃。

(3) 用移液管取 10mL 乙醇放入黏度计中，然后将奥氏黏度计垂直固定在恒温槽中，恒温 5~10min（注意：黏度计上面的球体要没入水中）。

(4) 把打气球接于 D 管，并用手指堵塞 E 管，向管内打气，待液体上升至上面球的一半时停止打气，打开管口 E，用秒表测量液体流经 a 至 b 所需的时间，重复同样操作，测定 5 次，要求每次的时间相差不超过 0.5s。

(5) 倒出黏度计中的乙醇，用热风吹干，再用另一支移液管取 10mL 蒸馏水放入黏度计中与前述步骤相同，测定蒸馏水流经 a 到 b 所需的时间，同样测定 5 次，要求同前。

2. 高聚物溶液黏度的测定

(1) **溶液的配制**　在分析天平上准确称量纯聚乙烯醇样品 1.000g，溶于盛有约 200mL 蒸馏水的 500mL 烧杯内，在搅拌过程中缓慢加热至沸腾，使其完全溶解，然后用砂芯漏斗过滤至 1000mL 容量瓶中，稀释至刻度，摇匀后作为储备液待用。

(2) **安装黏度计**　将干净的乌氏黏度计用纯溶剂洗 2~3 次，在黏度计的 B、C 两管上分别装上乳胶管。然后将纯溶剂从 A 管加入至 F 球的 2/3~3/4 处，垂直固定在恒温槽中，使 E 球全部浸泡在水中，使 a、b 两刻度线均没入水面以下。

(3) **测溶剂流出时间 t_0**　黏度计在恒温槽中恒温 10~15min 后开始测定。用夹子夹住 C 管管口的乳胶管，使 C 管不通气，然后用洗耳球从 B 管口将纯溶剂吸至 G 球的一半，拿下洗耳球打开 C 管，记下纯溶剂流经 a、b 刻度线之间的时间，重复几次测定，直到出现三个数据，彼此间的误差均小于 0.2s，取这三次时间的平均值，记为 t_0。

(4) **测储备液流出时间 t_1**　将毛细管内的纯溶剂倒掉，用待测溶液润洗 2~3 次。用移液管取 10mL 溶液注入黏度计，测定方法如前，测定溶液流出的时间。重复这一操作至少三次，直到出现三个数据，彼此误差均小于 0.2s，取这三次时间的平均值，记为 t_1。

(5) **稀释液的测定**　在烧杯中用移液管移入 10mL 储备液，随后用移液管移入 10mL 蒸馏水，充分搅拌，得到溶液的浓度为储备液的 1/2，记为 c_2。用移液管取出 10mL 稀溶液，由 A 管加入黏度计，恒温后按步骤 (4) 测定其流经毛细管的时间 t_2（在恒温过程中应按测量方法润洗毛细管）。重复同样的操作，配制浓度分别为 c_3、c_4、c_5 的稀释液，分别测定其时间 t_3、t_4、t_5。注意，每次加溶液前要充分洗涤并抽洗黏度计的 E 球和 G 球，使分布在黏度计各处的溶液的浓度相等。

(6) **洗涤黏度计**　将黏度计用自来水洗净，然后放入盛有洁净蒸馏水的烧杯中，用超声波清洗 5min，最后用蒸馏水冲净。

【实验注意事项】

1. 实验过程中，向黏度计加入样品后，必须在恒温槽中恒温足够时间才能进行测定。
2. 黏度计必须洁净，如毛细管壁上挂有水珠，需用洗液浸泡（洗液须经砂芯漏斗过滤除去微粒杂质）。
3. 黏度计要垂直浸入恒温槽中，实验中不要振动黏度计。
4. 高聚物在溶剂中溶解缓慢，配制溶液时必须保证其完全溶解，否则会影响溶液的起始浓度，而导致结果偏低。
5. 本实验中聚乙烯醇溶液的稀释是直接在黏度计中进行的，所用溶剂必须先在与溶液所处同一恒温槽中恒温，然后用移液管准确量取并充分混合均匀后方可测定。
6. 由于作图外推直线的截距时可能离原点较远，可用计算机作图并拟合出直线方程，这样求的截距较为准确。
7. 实验结束一定要按要求清洗黏度计，否则将影响下组实验的进行。

【实验记录】

1. 乙醇黏度的测定

室温_____℃　大气压_____kPa　恒温槽温度_____℃

序号	1	2	3	4	5	平均时间
蒸馏水						
乙醇						

2. 高聚物溶液黏度的测定

初始溶液浓度 c_0_____g·cm^{-3}　恒温槽温度_____℃

序号	0	1	2	3	4	5
t/s	t_0	t_1	t_2	t_3	t_4	t_5
$c/\text{g·cm}^{-3}$						
η_r						
$\ln\eta_r$						
η_{sp}						
η_{sp}/c						
$(\ln\eta_r)/c$						

(注：t 为实验中所测的平均流动时间)

【数据处理】

1. 应用公式 $\dfrac{\eta_1}{\eta_2}=\dfrac{\rho_1 t_1}{\rho_2 t_2}$ 计算乙醇在30℃下的黏度。30℃下有关数据如下。

   水的黏度：0.7975×10^{-3}Pa·s

   水的密度：995.65kg·m^{-3}

   乙醇的密度：781.00kg·m^{-3}

2. η_{sp}/c-c 及 $(\ln\eta_r)/c$-c 图，并外推到 $c\to 0$ 求得截距即得 $[\eta]$。

3. 由式(3-19-9)计算高聚物的摩尔质量 M。聚乙烯醇在30℃水溶液中，$k=4.28\times 10^{-2}$，$\alpha=0.64$。

【思考题】

1. 为什么测定液体黏度时要保持恒温？
2. 为什么用奥氏黏度计时，加入标准物质与被测物的体积应相同？
3. 黏度计中C管的作用是什么？能否去除C管改为双管黏度计使用？
4. 溶液的 η_{sp}、η_r、η_{sp}/c、$[\eta]$ 的物理意义是什么？
5. 黏度法测定高聚物的摩尔质量有何局限性？该法适用的高聚物质量范围是多少？分析实验中产生误差的主要因素。
6. 实验中，如果黏度计未干燥，对实验结果有影响吗？

【讨论要点】

1. 你还知道哪些测定黏度的方法？若要测黏稠液体或高聚物的黏度，能否用奥氏黏度计测量，为什么？

2. 本实验是否还需改进？如何改进？

【考核标准】

实验预习		实验操作		实验报告	
考核内容	成绩	考核内容	成绩	考核内容	成绩
1. 预习报告	0.5	1. 正确使用奥氏黏度计	1.0	1. 内容完整	0.5
2. 课前提问（实验原理、操作要点、注意事项等）	0.5	2. 正确使用乌氏黏度计	1.0	2. 作图	1.5
		3. 读数准确度	2.0	3. 准确性	1.0
		4. 实验室纪律和卫生	1.0	4. 实验讨论及思考题	1.0
合计	1.0	合计	5.0	合计	4.0

【选作课题】

1. 测定乙醇在 25～45℃ 时的黏度，按关系式 $\eta = A\exp\{E^*/(RT)\}$ 处理数据，求乙醇的流动活化能 E^*（流体流动时必须克服的能垒）。讨论水具有较大 E^* 的原因。

2. 测定聚乙烯醇在 25～45℃ 时的黏度，按关系式 $\eta = A\exp\{E^*/(RT)\}$ 处理数据，求聚乙烯醇的流动活化能 E^*。

实验二十 溶液表面张力的测定

【实验目的】

1. 掌握最大气泡压力法测定表面张力的原理和方法。
2. 通过对不同浓度乙醇水溶液表面张力的测定,加深对表面张力和吸附量的理解。
3. 计算吸附量与浓度的关系,绘制 Γ-c 曲线和 $\dfrac{c}{\Gamma}$-c 曲线。
4. 测定不同浓度乙醇水溶液的表面张力,绘制 σ-c 曲线。

【预习要求】

1. 掌握最大气泡压力法测定表面张力的原理,了解影响表面张力测定的因素。
2. 掌握如何由实验数据计算吸附量。
3. 了解如何由表面张力的实验数据求分子的截面积。

【实验原理】

1. 溶液的表面吸附

在定温下,纯液体的表面张力为定值,当加入溶质形成溶液后,表面张力会发生变化,其变化的大小取决于溶质的性质及其加入量。根据能量最低原理,溶质使溶剂的表面张力降低时,它在表面层中的浓度比在溶液内部高;反之,溶质使溶剂的表面张力升高时,它在表面层中的浓度比在溶液内部低,这种表面浓度与内部浓度不同的现象叫做溶液的表面吸附。在指定的温度和压力下,溶质的吸附量与溶液的表面张力及溶液的浓度之间的关系遵守吉布斯(Gibbs)方程:

$$\Gamma = -\frac{c}{RT}\left(\frac{\mathrm{d}\sigma}{\mathrm{d}c}\right)_T \tag{3-20-1}$$

式中 Γ——溶质在表面层的吸附量,mol·m^{-2};

σ——表面张力,N·m^{-1};

c——吸附达到平衡时溶质在介质中的浓度,mol·L^{-1}。

当 $\left(\dfrac{\mathrm{d}\sigma}{\mathrm{d}c}\right)_T<0$ 时,$\Gamma>0$ 称为正吸附;当 $\left(\dfrac{\mathrm{d}\sigma}{\mathrm{d}c}\right)_T>0$ 时,$\Gamma<0$ 称为负吸附。习惯上,将溶入少量就能显著降低溶液表面张力的物质称为表面活性剂。吉布斯方程的应用范围很广,但上述形式仅适用于稀溶液。

从式(3-20-1)可看出,只要测定溶液的浓度和表面张力就可以求得各种浓度下溶液中的溶质在表面层的吸附量。

在实验中,溶液浓度的测定是应用浓度与折射率的对应关系,表面张力的测定是应用最大气泡压力法。测出 c、σ,绘制 σ-c 曲线,见图 3-20-1。在曲线上任取一点 a 作曲线的切线和平行于横轴的直线,分别交纵轴于 b、d。令 $\overline{bd}=Z$,显然

$$Z = -c\left(\frac{\mathrm{d}\sigma}{\mathrm{d}c}\right)_T \tag{3-20-2}$$

结合式(3-20-1)，得
$$\Gamma = Z/RT$$

用这种方法可以算得切线点浓度 c 所对应的 Γ 值。将浓度 c_1，c_2，c_3，…分别与其对应的 Γ 作图，即得 Γ-c 曲线（见图 3-20-2）。

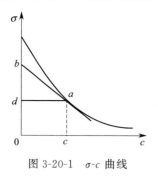

图 3-20-1　σ-c 曲线

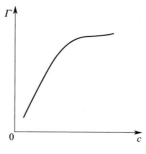

图 3-20-2　Γ-c 曲线

若在溶液表面上的吸附是单分子层吸附，则朗缪尔单分子层吸附等温式为

$$\Gamma = \Gamma_\infty \frac{Kc}{1+Kc} \tag{3-20-3}$$

式中　Γ_∞——溶液单位表面上铺满单分子吸附层的吸附量；

K——吸附平衡常数。

将式(3-20-3)展开，得

$$\frac{c}{\Gamma} = \frac{c}{\Gamma_\infty} + \frac{1}{K\Gamma_\infty} \tag{3-20-4}$$

由式(3-20-4)可知，$\frac{c}{\Gamma}$ 对 c 作图，得一直线，其斜率为 $\frac{1}{\Gamma_\infty}$。

2. 最大气泡压力法测定表面张力

表面张力的测定方法很多，本实验采用最大气泡压力法。图 3-20-3 是最大气泡压力法测定表面张力的装置。将毛细管的端面与液面相切，液面即沿毛细管上升。打开滴液漏斗的活塞，让水缓慢地滴下，使毛细管内溶液的压力比样品管中液面的压力大。当此压力差在毛细管端面上产生的作用力稍大于毛细管口溶液的表面张力时，毛细管口的气泡即被压出。压差的最大值可以从 U 形压力计上读出。

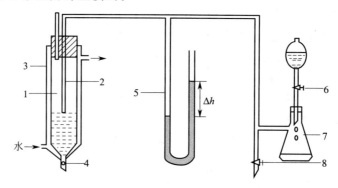

图 3-20-3　最大气泡压力法测定表面张力的装置

1—样品管；2—毛细管；3—样品管夹套（夹套与超级恒温水浴连接）；

4—液面调节阀；5—U 形压力计；6,8—活塞；7—增压瓶

气泡从毛细管口压出时受到的压力为 Δp，则

$$\Delta p = \rho g \Delta h \tag{3-20-5}$$

式中　Δh——U 形压力计两臂的读数差；
　　　g——重力加速度；
　　　ρ——U 形压力计内液体的密度。

同时根据附加压力的计算公式

$$\Delta p = \frac{2\sigma}{r} \tag{3-20-6}$$

式中　σ——表面张力；
　　　r——毛细管半径。

所以
$$\frac{2\sigma}{r} = \rho g \Delta h$$

整理得
$$\sigma = \frac{r}{2}\rho g \Delta h = k\Delta h \tag{3-20-7}$$

对于同一支毛细管来说，式(3-20-7)中的 k 为一常数，称为毛细管常数。因此只要用表面张力已知的液体为标准，即可求得其他液体的表面张力（本实验采用20℃，$\sigma_{水} = 72.75 \times 10^{-3}\,\mathrm{N \cdot m^{-1}}$ 为标准）。

【仪器与试剂】

1. 仪器

最大气泡压力法表面张力测定仪1套；超级恒温水浴1台；阿贝折光仪1台。

2. 试剂

乙醇（A.R.）；不同浓度的乙醇水溶液（浓度大约为 2%、5%、8%、10%、12%、15%、18%、20%）。

【实验步骤】

1. 毛细管常数的测定

(1) 超级恒温水浴外循环水管与样品管夹套相连，控制温度为 20℃。

(2) 洗净表面张力测定仪的各个部件，按图 3-20-3 安装好。样品管内装入蒸馏水，通过液面调节阀使样品管的液面正好与毛细管端面相切。安装时注意毛细管必须与液面相垂直。

(3) 测定开始时，打开滴液漏斗活塞进行缓慢抽气，使气泡从毛细管口逸出，调节气泡逸出速度以 5～10s/个为宜。读出 U 形压力计两边液面的高度差，重复读三次，取其平均值。

2. 待测样品表面张力的测定

(1) 加入适量样品于样品管中，用吸耳球打气法以待测样品润洗毛细管，使毛细管中溶液的浓度与样品管中待测液的浓度一致。

(2) 按毛细管常数测定时的操作步骤，分别测定各种未知浓度的乙醇水溶液的 Δh。

3. 待测样品浓度的测定

测完每一种溶液的表面张力后，接着从样品管中取样，用阿贝折光仪测其折射率。然后在浓度-折射率工作曲线上读出相应的浓度值。测完后将溶液倒回试剂瓶。

4. 实验完毕后，关闭超级恒温水浴，用蒸馏水洗净样品管和毛细管，样品管中装入蒸馏水，并将毛细管浸入水中保存。

【注意事项】

1. 仪器系统不能漏气。
2. 毛细管必须干净，保持垂直，其管口刚好与液面相切。每次测量前用待测液润洗毛细管，保持毛细管中溶液的浓度与样品管中待测液的浓度一致。
3. 读取 U 形压力计的压差时，应取气泡单个逸出时的最大压力差。
4. 用待测液润洗毛细管时，要打开活塞 8。

【实验记录】

实验温度：_____℃　　　大气压：_____kPa

编号	乙醇水溶液浓度/%		压力计读数/mm			$\sigma/\text{N·m}^{-1}$	$Z/\text{N·m}^{-1}$	$\Gamma\text{mol·m}^{-2}$
	折射率	实际浓度	h_2	h_1	Δh_{max}			
去离子水								
1								
2								
3								
4								
5								
6								
7								
8								
9								

【数据处理】

1. 由实验温度下水的表面张力计算出毛细管常数 k。
2. 根据实验数据进行计算，将数据记录表填写完整。
3. 绘制 σ-c 曲线及各点处的切线。
4. 利用 σ-c 曲线，分别求出 1～8 号溶液的 $\dfrac{d\sigma}{dc}$ 值，绘制 Γ-c 曲线。
5. 以 $\dfrac{c}{\Gamma}$ 对 c 作图，由直线斜率求 Γ_∞。

【思考题】

1. 用最大气泡压力法测定表面张力的原理是什么？
2. 为什么毛细管端面应该平整光滑，安装时要垂直且刚好接触液面？
3. 测定乙醇溶液的表面张力时，溶液浓度应由稀至浓，还是由浓至稀。为什么？
4. 如果毛细管气泡逸出的速度太快，对结果有何影响？
5. 使用阿贝折光仪要注意什么？

【讨论要点】

1. 结合本实验的结果，讨论产生误差的原因。

2. 在测定折射率时，如不恒温，对实验结果有何影响？
3. 对本实验装置和实验步骤有何改进意见？

【考核标准】

实验预习		实验操作		实验报告	
考核内容	成绩	考核内容	成绩	考核内容	成绩
1. 预习报告，记录表格	0.5	1. 仪器操作，溶液更换	2.0	1. 数据处理过程及结果	1.0
2. 课前提问（实验原理、操作要点、注意事项等）	0.5	2. 折光仪使用	1.0	2. σ-c 曲线及切线	1.5
		3. 超级恒温水浴使用	1.0	3. Γ-c 曲线	0.5
		4. 实验室纪律和卫生	1.0	4. $\frac{c}{\Gamma}$-c 曲线及 Γ_∞	0.5
				5. 误差分析、讨论及思考题	0.5
合计	1.0	合计	5.0	合计	4.0

【选做课题】

1. 用表面张力法测定十六烷基氯代吡啶或十二烷基硫酸钠溶液的临界胶束浓度。
2. 测定水和己烷间的表面张力。

附：折光仪原理及使用

1. 基本原理

（1）原理方块图

如图 3-20-4 所示。

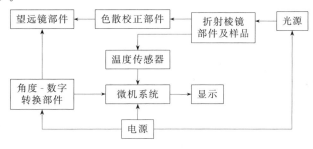

图 3-20-4　原理方块图

（2）原理

数字阿贝折光仪测定透明或半透明物质的折射率的原理是基于测定临界角，由目视望远镜部件和色散校正部件组成的观察部件来瞄准明暗两部分的分界线，也就是瞄准临界位置，并由角度-数字转换部件将角度转换成数字，输入微机系统进行数据处理，然后显示出被测样品的折射率或锤度。

（3）仪器结构图

如图 3-20-5 所示。

2. 操作步骤及使用方法

（1）按下"POWER"电源开关 4，聚光照明部件 10 中照明灯亮，同时显示窗 3 显示"00000"。有时显示窗先显示"—"，数秒后再显示"00000"。

（2）打开折射棱镜部件 11，移去擦镜纸。擦镜纸是仪器不使用时放在两棱镜之间，防止关棱镜时，可能留在棱镜上的细小硬粒损坏棱镜的工作表面。擦镜纸只需用单层。

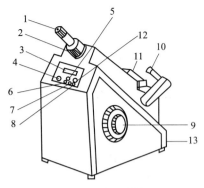

图 3-20-5 仪器结构图
1—目镜；2—色散手轮；3—显示窗；4—"POWER"电源开关；5—"READ"读数显示键；6—"BX-TC"经温度修正的锤度显示键；7—"n_D"折射率显示键；8—"BX"未经温度修正的锤度显示键；9—调节手轮；10—聚光照明部件；11—折射棱镜部件；12—"TEMP"温度显示键；13—RS232 接口

(3) 检查上、下棱镜表面，并用水或酒精小心清洗其表面。测定每一个样品后也要仔细清洗棱镜表面，因为留在棱镜表面上少量的样品将影响下一个样品测量的准确度。

(4) 将被测样品放在折射棱镜的工作表面上。如样品为液体，可用干净滴管吸 1~2 滴滴在棱镜的工作表面上，然后将进光棱镜盖上。如样品为固体，则固体必须有一个经过抛光加工的平整表面，测量前需擦净抛光表面，并在折射棱镜的工作表面上滴 1~2 滴折射率比固体样品折射率高的透明液体（如溴代萘），然后将固体样品的抛光面放于折射棱镜的工作表面上，使其接触良好。测固体样品时，不需将进光棱镜盖上。

(5) 旋紧聚光照明部件 10 的转臂和聚光镜筒，使进光棱镜的进光表面（测液体样品）或固体样品前面的进光表面（测固体样品）得到均匀照明。

(6) 通过目镜 1 观察视场，同时旋转调节手轮 9，使明暗分界线落在交叉线视场中。如从目镜中看到视场是暗的，可将调节手轮逆时针旋转。如看到视场是明亮的，则将调节手轮顺时针旋转。明亮区域在视场顶部。在明亮视场的情况下，可旋转目镜来调节视度，使交叉线更清晰。

(7) 旋转目镜方缺口里的色散手轮 2，同时调节聚光镜位置，使视场中明暗两部分具有良好的反差，并使明暗分界线具有最小的色散。

(8) 旋转调节手轮 9，使明暗分界线对准交叉线的交点（见图 3-20-6）。

(9) 按"READ"读数显示键 5，显示窗中"00000"消失，显示"—"。数秒后"—"消失，显示被测样品的折射率。如果知道该样品的锤度值，可按"BX"未经温度修正的锤度显示键 8 或按"BX-TC"经温度修正的锤度显示键 6（按 ICUMSA）。"n_D"、"BX-TC"及"BX"三个键用于选定测量方式。经选定后，再按"READ"键，显示窗就按预先选定的测量方式显示。有时按"READ"键显示"—"，数秒后"—"消失，显示窗全暗，无其他显示，说明该仪器可能存在故障，不能正常工作，需进行检查修理。当选定测量方式为"BX-TC"或"BX"时，如果调节手轮旋转超出锤度的测量范围（0%~95%），按"READ"键后，显示窗将显示"·"。

图 3-20-6 明暗分界线对准交叉线的交点示意

(10) 检测样品温度，可按"TEMP"温度显示键 12，显示窗将显示样品的温度。除了按"READ"键后，显示窗显示"—"时，按"TEMP"键无效，在其他情况下都可以对样品进行温度检测。显示为温度时，再按"n_D"、"BX-TC"或"BX"键，将显示原来的折射率或锤度。

(11) 样品测量结束后，必须用酒精或水（样品为糖溶液）小心清洗棱镜表面。

(12) 本仪器的折射棱镜部件中有通恒温水结构，如需测定样品在某一特定温度下的折射率，仪器可外接恒温器，将温度调节到所需温度再进行测量。

图 3-20-7 仪器校准示意

(13) 计算机可用 RS232 接口 13 与仪器连接。首先，送出一个任意的字符，然后等待接收信息（参数：波特率 2400，数据位 8 位，停止位 1 位，字节总长 18）。

注：在极特殊的情况下，仪器可能会出现自动复位或死机的现象，只要关闭电源后重新启动即可恢复，这是由于外界强静电或外界电网波动所引起的。

3. 注意事项

(1) 仪器校准

仪器应定期进行校准，或者当对测量数据有怀疑时，也可对仪器进行校准。校准需用蒸馏水或玻璃标准块。如测量数据与标准有误差，可用钟表螺丝刀通过色散手轮 2 中的小孔（见图 3-20-7），小心旋转里面的螺钉，使分划板上的交叉线上下移动，然后再进行测量，直到测量数据符合要求为止。

样品为标准块时，测量数据要符合标准块上所标定的数据。样品为蒸馏水时，测量数据要符合表 3-20-1。

表 3-20-1 测量数据

温度/℃	折射率(n_D)	温度/℃	折射率(n_D)
18	1.33316	25	1.33250
19	1.33308	26	1.33239
20	1.33299	27	1.33228
21	1.33289	28	1.33217
22	1.33280	29	1.33205
23	1.33270	30	1.33193
24	1.33260		

(2) 仪器的维护与保养

① 仪器应放在干燥、空气流通和温度适宜的地方，以免仪器的光学零件受潮发霉。

② 搬移仪器时应手托仪器的底部，不可提握仪器聚光照明部件中的摇臂，以免损坏仪器。

③ 仪器使用前后及更换样品时，必须先清洗并擦净折射棱镜系统的工作表面。

④ 被测液体样品中不能含有固体杂质，测固体样品时应防止折射棱镜的工作表面拉毛或产生压痕，本仪器严禁测试腐蚀性较强的样品。

⑤ 仪器应避免强烈震动或撞击，防止光学零件震碎、松动而影响精密度。

⑥ 如聚光照明部件中灯泡损坏，可先关闭电源，并将聚光镜筒沿轴拔下，露出照明灯泡，将其逆时针旋出，换上新灯泡后顺时针旋紧。沿轴插上聚光镜筒后打开仪器电源，观察投射在折射棱镜表面的光斑。如果光斑处于折射棱镜中央，则仪器换灯完成；如果发生偏离，可调节灯泡（连同灯座）左右位置（松开旁边的紧固螺钉），使光线聚在折射棱镜的进光表面上，且不发生明显偏离即可。

⑦ 仪器聚光镜是塑料制成的，为了防止腐蚀性样品对其表面的破坏，使用时用透明塑料罩将聚光镜罩住。

⑧ 仪器不用时应用塑料罩将仪器盖上或将仪器放入箱内。

⑨ 使用者不得随意拆装仪器，如仪器发生故障，或达不到精密度要求，应及时送修。

实验二十一 溶液吸附法测定固体比表面积

【实验目的】

1. 用亚甲基蓝水溶液吸附法测定活性炭的比表面积。
2. 掌握溶液吸附法测定固体比表面积的基本原理和测定方法。

【预习要求】

1. 明确固体比表面积的定义。
2. 掌握朗格缪尔吸附理论和吸附等温方程。
3. 熟悉分光光度计的基本原理和使用方法。
4. 了解溶液吸附法测定固体比表面积的优缺点。

【实验原理】

1. 吸附定律

测定固体物质比表面积的方法，常用的有 BET 低温吸附法、电子显微镜法、气相色谱法和溶液吸附法等，前几种方法都要使用复杂的装置，或者需要较长的时间。溶液吸附法测定固体物质的比表面积，具有仪器简单、操作方便等特点，还可以同时测定多个样品。

在一定温度下，固体在某些溶液中的吸附行为与固体对气体的吸附相似，可用朗格缪尔单分子层吸附方程来处理。朗格缪尔吸附理论的基本假定有四点，即固体表面是均匀的，吸附是单分子层吸附，被吸附在固体表面上的分子之间无相互作用，吸附过程是动态平衡。根据以上假定，推导出吸附等温方程

$$\Gamma = \Gamma_\infty \frac{Kc}{1+Kc} \tag{3-21-1}$$

式中，K 为吸附作用的平衡常数，也称为吸附系数，与吸附质、吸附剂的性质及温度有关，其值越大，则表示吸附能力越强；Γ 为平衡吸附量，等于 1g 吸附剂在吸附平衡时所吸附的溶质的物质的量，$mol \cdot g^{-1}$；Γ_∞ 为饱和吸附量，等于 1g 吸附剂的表面盖满一层吸附质分子时的吸附量，$mol \cdot g^{-1}$；c 为达到吸附平衡时溶质在溶液本体中的平衡浓度。

将式（3-21-1）整理得

$$\frac{c}{\Gamma} = \frac{c}{\Gamma_\infty} + \frac{1}{\Gamma_\infty K} \tag{3-21-2}$$

以 c/Γ 对 c 作图得一直线，由此直线的斜率和截距可求得 Γ_∞、K 以及比表面积 a_s。

$$a_s = \Gamma_\infty N_0 a_m \tag{3-21-3}$$

式中，N_0 为阿伏伽德罗常数；a_m 为一个吸附质分子在吸附剂表面所占据的面积，m^2。

2. 活性炭对亚甲基蓝的吸附

亚甲基蓝具有如下所示的矩形平面结构：

亚甲基蓝分子中，阳离子大小为 $1.70 \times 7.6 \times 3.25 \times 10^{-30} m^3$。亚甲基蓝的吸附

有三种趋向：平面吸附，投影面积为 $1.35 \times 10^{-18} \mathrm{m}^2$；侧面吸附，投影面积为 $7.5 \times 10^{-19} \mathrm{m}^2$；端基吸附，投影面积为 $3.95 \times 10^{-19} \mathrm{m}^2$。对于非石墨型的活性炭，亚甲基蓝可能不是平面吸附，也不是侧面吸附，而是端基吸附，因此 a_m 可按 $3.95 \times 10^{-19} \mathrm{m}^2$ 计算。

3. 朗伯-比耳定律

朗伯-比耳光吸收定律指出，当入射光为一定波长的单色光时，某溶液的吸光度与溶液中有色物质的浓度及溶液层的厚度成正比，即

$$A = -\lg \frac{I}{I_0} = \varepsilon bc = kc \tag{3-21-4}$$

式中，A 为吸光度；I_0 为入射光强度；I 为透过光强度；ε 为吸光系数；b 为光径长度或液层厚度；c 为溶液浓度。

亚甲基蓝溶液在可见光区有两个吸收峰，波长分别为 445nm 和 665nm。在 445nm 波长处，活性炭的吸附对溶液的吸收峰有很大的干扰，故本实验选用的工作波长为 665nm，并用分光光度计进行测量。

【仪器和试剂】

1. 仪器

722 型光电分光光度计及其附件 1 台；康氏振荡器 1 台；500mL 容量瓶 6 个；50mL 容量瓶 5 个；100mL 容量瓶 5 个；2 号砂芯漏斗 1 只；100mL 带塞锥形瓶 5 个；滴管若干；移液管若干。

2. 试剂

亚甲基蓝（质量分数分别为 0.2% 和 0.01% 的原始溶液和标准溶液）；颗粒状非石墨型活性炭。

3. 实验装置

图 3-21-1 为康氏振荡器外观图，图 3-21-2 为 722 型光电分光光度计外观及光路图。

图 3-21-1 康氏振荡器

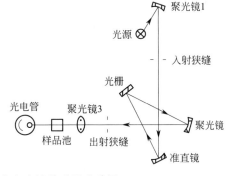

图 3-21-2 722 型光电分光光度计外观及光路图

【实验步骤】

1. 样品活化

为了消除样品中可能吸附的物质对实验的影响，在进行吸附实验前应先将样品活化。将适量颗粒活性炭置于 50mL 瓷坩埚中，放入马弗炉内，设置程序控温，以 $5℃·min^{-1}$ 的升温速率升温至 350℃，使活性炭在此温度下活化 30min，然后将其放入干燥器中备用（此步骤由实验室工作人员完成）。

2. 溶液吸附

取 5 个干燥的带塞锥形瓶，编号并分别加入准确称取的活性炭约 0.1g，按表 3-21-1 给出的比例配制不同浓度的亚甲基蓝溶液各 50mL，分别加入 5 个锥形瓶中，加塞后在振荡器上振荡 3h。

表 3-21-1　吸附试样的配制比例

吸附样品编号	1	2	3	4	5
V(0.2%亚甲基蓝溶液)/mL	30	20	15	10	5
V(蒸馏水)/mL	20	30	25	40	45

3. 样品振荡 3h 后，取下锥形瓶，用砂芯漏斗过滤，得吸附平衡后的滤液。根据颜色深浅，稀释不同倍数，使吸光度值在工作曲线的范围内，待用。此为平衡溶液稀释液。

4. 原始溶液处理

为了准确测量质量分数约为 0.2% 的亚甲基蓝原始溶液的浓度，量取 2.5mL 此溶液放入 500mL 容量瓶中，并用蒸馏水稀释至刻度，待用。此为原始溶液稀释液。

5. 标准溶液的配制

分别用移液管吸取 2mL、4mL、6mL、8mL、11mL 的亚甲基蓝标准溶液（质量分数为 0.01%），分别放于 100mL 容量瓶中，用蒸馏水稀释至刻度，待用。此为标准溶液稀释液。

6. 选择工作波长

对于亚甲基蓝溶液，吸收波长应为 665nm，由于各台分光光度计的波长刻度略有误差，其工作波长会有不同。可取一个标准溶液稀释液，在 600~700nm 范围内每隔 5nm 测量一次吸光度值，以吸光度最大的波长作为工作波长。

7. 绘制标准曲线

以蒸馏水为空白溶液，用 1cm 比色皿在选定的工作波长下，分别测量 5 个标准溶液稀释液的吸光度，用于绘制标准曲线。

8. 测定亚甲基蓝平衡浓度

分别测量 5 个平衡溶液稀释液和原始溶液稀释液的吸光度，从标准曲线上查出对应的浓度，乘以稀释倍数。

9. 实验测定结束

关闭分光光度计，倒掉比色皿中的溶液，用蒸馏水、乙醇洗净，放入盒中。倒掉残余的亚甲基蓝溶液，洗净各类玻璃仪器，整理好实验台。

【注意事项】

1. 测定吸光度时要按照溶液从稀到浓的顺序，每个溶液要测三次，取平均值。
2. 用洗液洗涤比色皿时，接触时间应不能超过 2min，以免损坏比色皿。

【数据处理】

1. 作亚甲基蓝的吸光度-浓度工作曲线。

根据各平衡溶液稀释液的吸光度，在工作曲线上求出相应浓度，乘上稀释倍数，求出相应滤液的平衡浓度。

2. 计算吸附量。

吸附量 Γ 的计算公式为

$$\Gamma = \frac{(c_0 - c)V}{m}$$

式中，V 为吸附溶液的总体积，L；m 为加入溶液的吸附剂质量，g；c 和 c_0 分别为平衡浓度和原始浓度，$mol \cdot L^{-1}$。

3. 作朗格缪尔吸附等温线，以 Γ 为纵坐标，c 为横坐标，作 Γ-c 吸附等温线。

4. 求饱和吸附量。由 Γ 和 c 的数据计算 c/Γ 值，然后做 c/Γ-c 图，由图求饱和吸附量 Γ_∞。

5. 计算试样的比表面积，将 Γ_∞ 值代入 $a_s = \Gamma_\infty N_0 a_m$ 中，可算得试样的比表面积。

【思考问题】

1. 根据朗格缪尔的基本假设，结合本实验数据，算出各平衡浓度的覆盖度，估算饱和吸附的平衡浓度范围。
2. 溶液产生吸附时如何判定它已经达到吸附平衡？
3. 式（3-21-3）的应用要求什么条件？
4. 亚甲基蓝的吸附投影面积 a_m 对测定比表面积有何影响？

【讨论要点】

1. 亚甲基蓝浓度过高或过低有何缺点，如何调整？
2. 溶液吸附法测比表面积的主要优缺点有哪些？

【考核标准】

实验预习		实验操作		实验报告	
考核内容	成绩	考核内容	成绩	考核内容	成绩
1. 预习报告，记录表格	0.5	1. 分光光度计的使用	1.5	1. 内容完整	0.5
2. 课前提问(实验原理、操作要点、注意事项等)	0.5	2. 溶液的配制	1.5	2. 标准曲线的绘制	0.5
		3. 记录结果规范、数据准确	1.5	3. 平衡浓度和吸附量计算	1.5
		4. 实验室纪律和卫生	0.5	4. Γ-c、c/Γ-c 图	1.0
				5. 实验误差分析、结果讨论及思考题	0.5
合计	1.0	合计	5.0	合计	4.0

【选作课题】

测定硅藻土、碱性层析氧化铝的比表面积。

实验二十二 表面活性剂溶液临界胶束浓度的测定

【实验目的】

1. 了解表面活性剂溶液临界胶束浓度（CMC）的定义；加深对表面活性剂的结构及胶束形成原理的理解。
2. 了解表面活性剂溶液临界胶束浓度的常用测定方法，掌握电导法测定表面活性剂溶液临界胶束浓度的原理和方法。
3. 学习电导率仪的使用方法，掌握用电导法测定十二烷基硫酸钠的临界胶束浓度。
4. 掌握电解质对表面活性剂临界胶束浓度的影响。

【预习要求】

1. 掌握电导率、摩尔电导率之间的关系。
2. 掌握表面活性剂临界胶束浓度的概念。
3. 了解电导率仪的使用方法。
4. 熟知实验操作的关键步骤。

【实验原理】

具有明显"两亲"性质的分子，既含有亲油的足够长的（大于10～12个碳原子）烃基，又含有亲水的极性基团（通常是离子化的），由这一类分子组成的物质称为表面活性剂。表面活性剂分子都是由极性和非极性两部分组成的，若按离子的类型分类，可分为三类。

(1) 阴离子型表面活性剂：如羧酸盐（肥皂，$C_{17}H_{35}COONa$），烷基磺酸盐[十二烷基苯磺酸钠，$CH_3(CH_2)_{11}C_6H_5SO_3Na$]，烷基硫酸盐[十二烷基硫酸钠，$CH_3(CH_2)_{11}SO_4Na$]等。

(2) 阳离子型表面活性剂：主要是铵盐，如十二烷基二甲基叔胺[$RN(CH_3)_2HCl$]和十二烷基二甲基氯化铵[$RN(CH_3)_2Cl$]。

(3) 非离子型表面活性剂：如聚氧乙烯类[$R-O-(CH_2CH_2O)_nH$]。

由于表面活性剂分子具有双亲结构，分子有自水中逃离水相而吸附于界面上的趋势，但当表面吸附达到饱和后，浓度再增加，表面活性剂分子无法再在表面上进一步吸附，这时为了降低体系的能量，活性剂分子会相互聚集，形成胶束。开始明显形成胶束的浓度称为临界胶束浓度，以 CMC(critical micelle concentration) 表示。在 CMC 点上，由于溶液的结构改变导致其物理及化学性质（如表面张力、电导、渗透压、浊度、光学性质等）与浓度的关系曲线出现明显转折，如图 3-22-1 所示。这个现象是测定 CMC 的试验依据，也是表面活性剂的一个重要特征。

临界胶束浓度可看作是表面活性剂对溶液表面活性的一种量度。因为 CMC 越小，则表示此种表面活性剂形成胶束所需浓度越低，达到表面饱和吸附的浓度越低。临界胶束浓度还是使含有表面活性剂水溶液的性质发生显著变化的一个"分水岭"。体系的多种性质在 CMC 附近都会发生一个比较明显的变化。我们可以采用的方法如下。

(1) 电导法：利用离子型表面活性剂水溶液电导率随浓度的变化关系，从电导率（κ）

对浓度 (c) 曲线或摩尔电导率 Λ_m-$c^{1/2}$ 曲线上求转折点求 CMC。此法对离子型表面活性剂适用,而对 CMC 较大、表面活性低的表面活性剂,因转折点不明显而不灵敏。

(2) 表面张力法:测定不同浓度下表面活性剂水溶液的表面张力,在浓度达到 CMC 时发生转折,以表面张力对表面活性剂浓度的对数作图,由曲线的折点来确定 CMC。

(3) 增溶法:利用表面活性剂溶液对有机物增溶能力随浓度的变化,在 CMC 处有明显的改变来确定。

(4) 比色法(染料吸附法):利用某些染料在水中和在胶束中的颜色有明显差别的性质,实验时先在大于 CMC 的表面活性剂溶液中,加入很少的染料,染料被加溶于胶束中,呈现某种颜色。然后用水滴定稀释此溶液,直至溶液颜色发生显著变化,此时浓度即为 CMC。

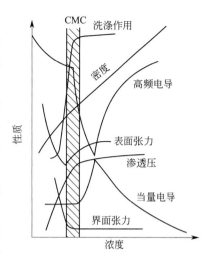

图 3-22-1　表面活性剂水溶液的一些物化性质

(5) 浊度法:在小于 CMC 的稀表面活性剂溶液中,烃类物质的溶解度很小,而且基本上不随浓度而变,但当浓度超过 CMC 后,大量胶束形成,使不溶烃类物质溶于胶束中,致使密度显著增加,表面活性剂有增溶作用。根据浊度的变化,可测出一种液体在表面活性剂中的浓度及 CMC 值。

本实验用电导法测定离子型表面活性剂的临界胶束浓度。

对于一般电解质溶液,其导电能力由电导 G,即电阻的倒数 ($1/R$) 来衡量。若所用电导管电极面积为 A,电极间距为 L,用此管测定电解质溶液电导,则

$$G = \frac{1}{R} = \kappa \frac{A}{L} \tag{3-22-1}$$

$$\kappa = G \frac{L}{A} \tag{3-22-2}$$

式中,κ 是电导率,其单位为 $\Omega^{-1} \cdot m^{-1}$;L/A 称作电导池常数。

电导率 κ 和摩尔电导率 Λ_m 有下列关系

$$\Lambda_m = \frac{\kappa}{c} \tag{3-22-3}$$

Λ_m 为 1mol 电解质溶液的导电能力;c 为电解质溶液的浓度,$mol \cdot L^{-1}$。Λ_m 随电解质浓度而变,对强电解质的稀溶液,由柯尔劳施(Kohlrausch)公式得:

$$\Lambda_m = \Lambda_m^\infty (1 - \beta \sqrt{c}) \tag{3-22-4}$$

式中,Λ_m^∞ 为浓度无限稀时的摩尔电导率;β 为常数。

对于离子型表面活性剂溶液,当溶液浓度很稀时,电导的变化规律也和强电解质一样;但当溶液浓度达到临界胶束浓度时,随着胶束的生成,电导率发生改变,摩尔电导率出现转折,这就是电导率法测 CMC 的依据。

表面活性剂的 CMC 值通常都比较低,杂质对 CMC 有很大影响。一般有机物、无机物以及其他表面活性物质对某一表面活性剂的 CMC 值都有显著影响。本实验只讨论无机盐的影响。由于在工业生产中,未反应完全的十二醇以及中和生成的 Na_2SO_4 总是混在十二烷基

硫酸钠产品中，因此，无机盐对表面活性剂 CMC 的影响不容忽视。

在水溶液中，电解质存在会导致 CMC 值下降。电解质对阴离子表面活性剂、阳离子型表面活性剂的 CMC 影响较大，对两性表面活性剂的影响次之，对非离子表面活性剂的影响较小。电解质对离子型表面活性剂影响的主要原因是压缩胶团表面双电层厚度，同时也减少胶团中表面活性剂离子之间的相互排斥力，因而更易形成胶团。无机电解质中起决定作用的离子是与表面活性剂电性相反的离子，这些离子价数越高，作用越强烈。

本实验研究 NaCl 对十二烷基硫酸钠临界胶束浓度的影响。

【仪器和试剂】

1. 仪器

DDS-ⅡA 型电导率仪；超级恒温槽；容量瓶（25mL 或 50mL）；移液管（1mL、5mL 各一个）。

2. 试剂

十二烷基硫酸钠（用乙醇经 2～3 次重结晶提纯）；电导水；氯化钠（A.R.）。

【实验步骤】

（1）电导率仪的预热准备。

（2）安装好恒温槽，温度调到（25.0±0.1）℃。

（3）用 25mL 容量瓶精确配制浓度范围在 3×10^{-3}～3×10^{-2} mol·L^{-1} 的 8～10 个不同浓度的十二烷基硫酸钠水溶液。配制时最好用新蒸出的电导水。

（4）用电导水准确配制 NaCl 浓度为 0.01mol·L^{-1} 的系列十二烷基硫酸钠水溶液，浓度同步骤（3）中的浓度。

（5）从低浓度到高浓度依次测定表面活性剂溶液的电导率值。每次测量前电极都要用待测溶液冲洗 2～3 次。

（6）测试完毕，清洗电极。

【注意事项】

1. 配制的溶液要保证表面活性剂完全溶解。
2. 电导率的测定要在恒温条件下进行。
3. CMC 不一定是一个确定的值，一般有一定的范围。

【实验记录】

实验温度：_____℃   大气压：_____kPa

编号	1号	2号	3号	4号	5号	6号	7号	8号
浓度/mol·L^{-1}								
溶液电导率/S·m^{-1}								
加氯化钠溶液电导率/S·m^{-1}								

【数据处理】

1. 计算各浓度的十二烷基硫酸钠水溶液的电导率和摩尔电导率。

2. 将数据列表，作 κ-c、Λ_m-$c^{1/2}$ 曲线，由曲线转折点确定临界胶束浓度 CMC。

【思考题】

1. 表面活性剂的特征是什么？
2. 非离子型表面活性剂能否用本实验测定临界胶束浓度？若不能，可用何种方法？
3. 无机盐对表面活性剂的临界胶束浓度有何影响？

【讨论要点】

1. 若要知道所测得的临界胶束浓度是否准确，可用什么实验方法验证？
2. 温度对电导率有何影响？
3. 浓度对电导率及摩尔电导率各有何影响？为什么？
4. 实验强调从低浓度到高浓度，为什么？
5. 通过本实验，有何收获，对实验有何改进意见？

实验预习		实验操作		实验报告	
考核内容	成绩	考核内容	成绩	考核内容	成绩
1. 预习报告	0.5	1. 溶液浓度的配置	2.0	1. 报告的完整性	1.0
2. 课前提问(原理、步骤、要点等)	0.5	2. 电导率的测定	2.0	2. 数据处理及结果	2.0
		3. 实验室纪律与卫生	1.0	3. 讨论及其他	1.0
合计	1.0	合计	5.0	合计	4.0

实验二十三 B-Z 振荡反应

【实验目的】

1. 了解 Belousov-Zhabotinski（简称 B-Z）反应的基本原理，掌握研究化学振荡反应的一般方法，初步认识体系远离平衡态下的复杂行为。
2. 设计丙二酸-硫酸-溴酸钾-硫酸铈铵化学振荡体系的实验方案，并对其诱导期及振荡特征进行研究。

【预习要求】

1. 了解 B-Z 振荡反应的基本原理及研究化学振荡反应的方法。
2. 掌握在硫酸介质中以金属铈离子作催化剂时，丙二酸被溴酸钾氧化过程的基本原理。
3. 在整体上了解实验的操作流程。

【实验原理】

非平衡非线性问题是自然科学领域中普遍存在的问题，该研究领域研究的主要问题是，体系在远离平衡态下，由于本身的非线性动力学机制而产生宏观时空有序结构。Prigogine 等人称其为耗散结构（dissipative structure）。最经典的耗散结构是 B-Z 体系的时空有序结构。所谓 B-Z 体系，是指由溴酸盐、有机物在酸性介质中，在有（或无）金属离子催化剂下构成的体系，它是由苏联科学家 Belousov 发现，后经 Zhabotinski 发展而得名。

1972 年，R. J. Filed、E. Körös、R. M. Noyes 等人通过实验对 B-Z 振荡反应做出了解释。其主要思想是：体系中存在着两个受溴离子浓度控制的过程 A 和 B，当 Br^- 浓度高于临界浓度 $[Br^-]_{crit}$ 时发生 A 过程，当 Br^- 浓度低于 $[Br^-]_{crit}$ 时发生 B 过程。也就是说，Br^- 浓度起开关作用，它控制着由 A 到 B 过程和由 B 到 A 过程的转变。在 A 过程中，由于化学反应，Br^- 浓度降低，当浓度低到 $[Br^-]_{crit}$ 时，B 过程发生；在 B 过程中，Br^- 再生，Br^- 浓度增加，当 Br^- 浓度达到 $[Br^-]_{crit}$ 时，A 过程发生。这样体系就在 A 过程、B 过程间往复振荡。下面以 BrO_3^--Ce^{4+}-丙二酸-H_2SO_4 体系为例说明。

当 Br^- 浓度足够高时，发生下列 A 过程：

(1) $BrO_3^- + Br^- + 2H^+ \xrightarrow{k_1} HBrO_2 + HOBr$

(2) $HBrO_2 + Br^- + H^+ \xrightarrow{k_2} 2HOBr$

其中反应式(1)是速率控制步，当达到准定态时，有

$$[HBrO_2] = \frac{k_1}{k_2}[BrO_3^-][H^+] \tag{3-23-1}$$

当 Br^- 浓度低时，发生下列 B 过程，Ce^{3+} 被氧化

(3) $BrO_3^- + HBrO_2 + H^+ \xrightarrow{k_3} 2BrO_2^- + H_2O$

(4) $BrO_2^- + Ce^{3+} + H^+ \xrightarrow{k_4} HBrO_2 + Ce^{4+}$

(5) $2HBrO_2 \xrightarrow{k_5} BrO_3^- + HOBr + H^+$

反应式(3)是速率控制步，反应经方程式(3)、方程式(4)将自催化产生 $HBrO_2$，当达到准定态时，

$$[HBrO_2] \approx \frac{k_3}{2k_5}[BrO_3^-][H^+] \tag{3-23-2}$$

由反应式(2)和反应式(3)可以看出，Br^- 和 BrO_3^- 是竞争 $HBrO_2$ 的，当 $k_2[Br^-] > k_3[BrO_3^-]$ 时，自催化过程步(3)不可能发生。自催化是 B-Z 振荡反应中必不可少的步骤，否则该振荡不能发生。Br^- 的临界浓度为：

$$[Br^-]_{crit} = \frac{k_3}{k_2}[BrO_3^-] \approx 5 \times 10^{-6}[BrO_3^-] \tag{3-23-3}$$

Br^- 的再生可通过下列过程实现：

(6) $4Ce^{4+} + BrCH(COOH)_2 + H_2O + HOBr \xrightarrow{k_6} 2Br^- + 4Ce^{3+} + 3CO_2 + 6H^+$

体系的总反应为：

$$2H^+ + 2BrO_3^- + 3CH_2(COOH)_2 \longrightarrow 2BrCH(COOH)_2 + 3CO_2 + 4H_2O$$

振荡的控制物种是 Br^-。

【仪器和试剂】

1. 仪器

恒温磁力搅拌器；pHS-3C 型数字式精密酸度计或记录仪；恒温槽；带恒温夹套的玻璃反应器；光亮铂电极或溴离子选择性电极；双盐桥甘汞电极或硫酸亚汞参比电极。

2. 试剂

$0.4 mol \cdot L^{-1}$ 丙二酸；$3.00 mol \cdot L^{-1}$ 和 $1 mol \cdot L^{-1}$ 硫酸；$0.2 mol \cdot L^{-1}$ 溴酸钾（G.R.，现配）；$0.004 mol \cdot L^{-1}$ 的硫酸铈铵溶液（在 $0.2 mol \cdot L^{-1}$ 硫酸介质中配制）。

【实验步骤】

1. 做好记录前的准备

接好仪器装置（见图 3-23-1），放好搅拌子，打开超级恒温槽，将温度恒定在 $(25.0 \pm 0.1)°C$。在 100mL 的反应器中加入 $0.4 mol \cdot L^{-1}$ 丙二酸、$3.00 mol \cdot L^{-1}$ 硫酸和 $0.2 mol \cdot L^{-1}$ 的 $KBrO_3$ 各 10mL，混合均匀，恒温 10min。接通 B-Z 振荡装置电源开关，调节搅拌转速。

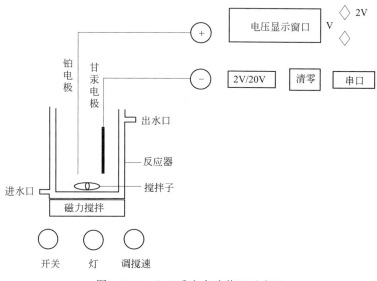

图 3-23-1 B-Z 反应实验装置示意图

2. 选挡、测定、记录数据

选择量程 2V 挡，将两输入线短接，按"清零"键，消除系统测量误差。清零后将甘汞电极接负极，铂电极接正极，加入已恒温 5min 以上的 10mL 浓度为 0.004mol·L^{-1} 硫酸铈铵溶液，观察溶液颜色变化。同时开始计时并记录相应的电势变化或观察、记录电势曲线变化。电势变化首次到最低时，记下时间 $t_{诱}$。

3. 改变温度、重新测定、记录

重复重新设置温度，按步骤 1 的配方，在 20～50℃ 之间选择 5～8 个合适的温度（如 20.0℃，25.0℃，30.0℃，…），在每个温度下重复步骤 1 和步骤 2，准确记录 $t_{诱}$ 和周期（记录前 10 个周期即可）。每个温度下的 $t_{诱}$ 和 T_1 至少重复三次。

振荡的诱导期和周期的定义如图 3-23-2 所示。从加入硫酸铈铵到振荡开始定义为 $t_{诱}$，振荡开始后每个周期依次定义为 T_1，T_2，T_3，…

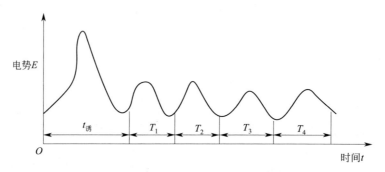

图 3-23-2　B-Z 反应的电势振荡曲线

【数据处理】

1. 据实验步骤 2 的电势曲线与颜色和电势值的对应关系，分析 Pt 丝电极记录的电势曲线主要反映了哪个电对电势的变化？试说明理由。

2. 据实验步骤 3 的实验结果并作下列假定：诱导期的长短与反应的速率成反比，即

$$\frac{1}{t_{诱}} \propto k = A\exp\left(-\frac{E_{表}}{RT}\right)$$

由此可得到

$$\ln\frac{1}{t_{诱}} = \ln A - \frac{E_{表}}{RT}$$

作 $\ln(1/t_{诱})$-$1/T$ 图，求出表观活化能 $E_{表}$（kJ·mol^{-1}）。从 $\ln(1/t_{诱})$-$1/T$ 图分析得出对诱导期中进行的反应的推测，试说明理由，并分析周期（T_1）随温度的变化。

【注意事项】

1. 实验中溴酸钾试剂纯度要求高，所使用的反应容器一定要冲洗干净，磁力搅拌器中转子位置及速度都必须加以控制。

2. 配制 $4×10^{-3}$mol·L^{-1} 的硫酸铈铵溶液时，一定要在 0.2mol·L^{-1} 的硫酸介质中配制。否则易发生水解反应，使溶液浑浊。

3. 每台计算机带四台仪器，设置好界面后应按操作步骤进行。

4. 恒温槽的搅拌开关一定要打开，否则循环加热泵不会工作。

5. 实验使用的 217 型甘汞电极要用 1mol·L^{-1} H$_2$SO$_4$ 作液接。

6. 实验结束后，将甘汞电极旁的胶帽扣好，然后将电极放在饱和 KCl 溶液中。在反应

器中加入去离子水，放入铂电极。

7. 加样顺序对体系的振荡周期有影响，故实验过程中加样顺序要保持一致。

【思考题】

1. 本实验记录的电势代表什么含义？
2. 影响诱导期和振荡周期的主要因素有哪些？
3. 本实验中铈离子的作用是什么？
4. 本实验中所使用的甘汞电极为什么必须用 $1mol \cdot L^{-1}$ 的 H_2SO_4 作液接？
5. 本实验中，可否用同一体系连续测定不同温度下的反应？

【讨论要点】

1. 指出影响本实验结果的主要因素，如何计算实验误差？
2. 你对本实验有何改进建议？

【考核标准】

实验预习		实验操作		实验报告	
考核内容	成绩	考核内容	成绩	考核内容	成绩
1. 预习报告 2. 提问(仪器使用)	0.5 0.5	1. 记录前准备 2. 电势曲线测定 3. 反应温度控制 4. 实验室纪律和卫生	1.0 2.0 1.5 0.5	1. 电势曲线测定及反应温度控制 2. 制图 3. 处理及结果(k、E_a 计算等) 4. 讨论	0.5 1.5 1.5 0.5
合计	1.0	合计	5.0	合计	4.0

实验二十四 磁化率的测定

【实验目的】

1. 掌握古埃(Gouy)法测定磁化率的原理和方法。
2. 测定三种配合物的磁化率，求算未成对电子数，判断其配键类型。

【预习要求】

1. 熟悉特斯拉计的使用。
2. 掌握磁化率测定的基本原理和公式。

【实验原理】

1. 磁化率

物质在外磁场中，会被磁化并感生一附加磁场，其磁场强度 H' 与外磁场强度 H 之和称为该物质的磁感应强度 B，即

$$B = H + H' \tag{3-24-1}$$

H' 与 H 方向相同的叫顺磁性物质，相反的叫反磁性物质。还有一类物质如铁、钴、镍及其合金，H' 比 H 大得多（H'/H 高达 10^4）而且附加磁场在外磁场消失后并不立即消失，这类物质称为铁磁性物质。

物质的磁化可用磁化强度 I 来描述，$H' = 4\pi I$。对于非铁磁性物质，I 与外磁场强度 H 成正比

$$I = \chi H \tag{3-24-2}$$

式中，χ 为物质的单位体积磁化率（简称磁化率），是物质的一种宏观磁性质。在化学中常用单位质量磁化率 χ_m 或摩尔磁化率 χ_M 表示物质的磁性质，它的定义是

$$\chi_m = \chi/\rho \tag{3-24-3}$$

$$\chi_M = M\chi/\rho \tag{3-24-4}$$

式中，ρ 和 M 分别是物质的密度和摩尔质量。由于 χ 是无量纲的量，所以 χ_m 和 χ_M 的单位分别是 $cm^3 \cdot g^{-1}$ 和 $cm^3 \cdot mol^{-1}$。

磁感应强度 SI 单位是特[斯拉]（T），而过去习惯使用的单位是高斯（G，$1T = 10^4 G$）。

2. 分子磁矩与磁化率

物质的磁性与组成它的原子、离子或分子的微观结构有关，在反磁性物质中，由于电子自旋已配对，故无永久磁矩。但是内部电子的轨道运动，在外磁场作用下产生的拉摩进动，会感生出一个与外磁场方向相反的诱导磁矩，所以表示出反磁性。其 χ_M 就等于反磁化率 $\chi_反$，且 $\chi_M < 0$。在顺磁性物质中，存在自旋未配对电子，所以具有永久磁矩。在外磁场中，永久磁矩顺着外磁场方向排列，产生顺磁性。顺磁性物质的摩尔磁化率 χ_M 是摩尔顺磁化率与摩尔反磁化率之和，即

$$\chi_M = \chi_顺 + \chi_反 \tag{3-24-5}$$

通常 $\chi_顺$ 比 $\chi_反$ 大约 1~3 个数量级，所以这类物质总表现出顺磁性，其 $\chi_M > 0$。

顺磁化率与分子永久磁矩的关系服从居里定律

$$\chi_{\text{顺}} = \frac{N_A \mu_m^2}{3kT} \tag{3-24-6}$$

式中，N_A 为 Avogadro 常数；k 为 Boltzmann 常数（1.38×10^{-16} erg·K^{-1}）；T 为热力学温度；μ_m 为分子永久磁矩，erg·G^{-1}。由此可得

$$\chi_M = \frac{N_A \mu_m^2}{3kT} + \chi_{\text{反}} \tag{3-24-7}$$

由于 $\chi_{\text{反}}$ 不随温度变化（或变化极小），所以只要测定不同温度下的 χ_M 且对 $1/T$ 作图，截距即为 $\chi_{\text{反}}$，由斜率可求 μ_m。由于比 $\chi_{\text{顺}}$ 小得多，所以在不很精确的测量中可忽略 $\chi_{\text{反}}$ 作近似处理

$$\chi_M = \chi_{\text{顺}} = \frac{N_A \mu_m^2}{3kT} (\text{cm}^3 \cdot \text{mol}^{-1}) \tag{3-24-8}$$

顺磁性物质的 μ_m 与未成对电子数 n 的关系为

$$\mu_m = \mu_B \sqrt{n(n+2)} \tag{3-24-9}$$

式中，μ_B 是玻尔磁子，其物理意义是单个自由电子自旋所产生的磁矩。

$$\mu_B = 9.273 \times 10^{-21} \text{erg} \cdot \text{G}^{-1} = 9.273 \times 10^{-28} \text{J} \cdot \text{G}^{-1} = 9.273 \times 10^{-24} \text{J} \cdot \text{T}^{-1}$$

3. 磁化率与分子结构

式(3-24-6)将物质的宏观性质 χ_M 与微观性质 μ_m 联系起来。由实验测定物质的 χ_M，根据式(3-24-8)可求得 μ_m，进而计算未配对电子数 n。这些结果可用于研究原子或离子的电子结构，判断配合物分子的配键类型。

络合物分为电价配合物和共价配合物。电价配合物中心离子的电子结构不受配位体的影响，基本上保持自由离子的电子结构，靠静电库仑力与配位体结合，形成电价配键。在这类络合物中，含有较多的自旋平行电子，所以是高自旋配位化合物。共价配合物则以中心离子空的价电子轨道接受配位体的孤对电子，形成共价配键，这类配合物形成时，往往发生电子重排，自旋平行的电子相对减少，所以是低自旋配位化合物。例如 Co^{3+} 的外层电子结构为 $3d^6$，在配离子 $[CoF_6]^{3-}$ 中，形成电价配键，电子排布为

此时，未配对电子数 $n=4$，$\mu_m = 4.9\mu_B$。Co^{3+} 以上面的结构与 6 个 F^- 以静电力相吸引形成电价配合物。而在 $[Co(CN)_6]^{3-}$ 中则形成共价配键，其电子排布为

此时，$n=0$，$\mu_m = 0$。Co^{3+} 将 6 个电子集中在 3 个 3d 轨道上，6 个 CN^- 的孤对电子进入 Co^{3+} 的 6 个空轨道，形成共价配合物。

4. 古埃法测定磁化率

古埃磁天平如图 3-24-1 所示。天平左臂悬挂一样品管，管底部处于磁场强度最大的区域（H），管顶端则位于场强最弱（甚至为零）的区域（H_0）。整个样品管处于不均匀磁场中。设圆柱形样品的截面积为 A，沿样品管长度方向上 dz 长度的体积 Adz 在非均匀磁场中受到的作用力 dF 为

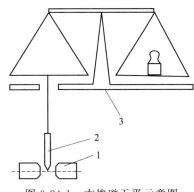

图 3-24-1　古埃磁天平示意图
1—磁铁；2—样品管；3—天平

$$dF = \chi A H \frac{dH}{dz} dz \quad (3\text{-}24\text{-}10)$$

式中，χ 为体积磁化率；H 为磁场强度；dH/dz 为场强梯度，积分上式得

$$F = \frac{1}{2}(\chi - \chi_0)(H^2 - H_0^2)A \quad (3\text{-}24\text{-}11)$$

式中，χ_0 为样品周围介质的体积磁化率（通常是空气，χ_0 值很小）。如果 χ_0 可以忽略，且 $H_0 = 0$ 时，整个样品受到的力为

$$F = \frac{1}{2}\chi H^2 A \quad (3\text{-}24\text{-}12)$$

在非均匀磁场中，顺磁性物质受力向下所以增重；而反磁性物质受力向上所以减重。测定时在天平右臂加减砝码使之平衡。设 Δm 为施加磁场前后的称量差，则

$$F = \frac{1}{2}\chi H^2 A = g\Delta m \quad (3\text{-}24\text{-}13)$$

由于 $\chi = \dfrac{\chi_m \rho}{M}$，$\rho = \dfrac{m}{hA}$ 代入上式得

$$\chi_M = \frac{2(\Delta m_{空管+样品} - \Delta m_{空管})ghM}{mH^2} (\text{cm}^3 \cdot \text{g}^{-1}) \quad (3\text{-}24\text{-}14)$$

式中，$\Delta m_{空管+样品}$ 为样品管加样品后在施加磁场前后的称量差，g；$\Delta m_{空管}$ 为空样品管在施加磁场前后的称量差，g；g 为重力加速度，$980 \text{cm} \cdot \text{s}^{-2}$；$h$ 为样品高度，cm；M 为样品的摩尔质量，$\text{g} \cdot \text{mol}^{-1}$；$m$ 为样品的质量，g；H 为磁极中心磁场强度，G。

在精确的测量中，通常用莫尔盐来标定磁场强度，它的单位质量磁化率与温度的关系为

$$\chi_m = \frac{9500}{T+1} \times 10^{-6} (\text{cm}^3 \cdot \text{g}^{-1}) \quad (3\text{-}24\text{-}15)$$

【仪器与试剂】

1. 仪器

古埃磁天平（包括电磁铁、电光天平、励磁电源）1 套；特斯拉计 1 台；软质玻璃样品管 4 支；样品管架 1 个；直尺 1 把；角匙 4 支；广口试剂瓶 4 个；小漏斗 4 个。

2. 试剂

莫尔盐 $(NH_4)_2SO_4 \cdot FeSO_4 \cdot 6H_2O$(A.R.)；$FeSO_4 \cdot 7H_2O$(A.R.)；$K_3[Fe(CN)_6]$(A.R.)；$K_4[Fe(CN)_6] \cdot 3H_2O$ (A.R.)。

【实验步骤】

1. 磁极中心磁场强度的测定

（1）用特斯拉计测量

按说明书校正好特斯拉计。将霍尔变送器探头平面垂直放入磁极中心处。接通励磁电源，调节"调压旋钮"逐渐增大电流，至特斯拉计表头示值为 350mT，记录此时励磁电流

值 I。以后每次测量都要控制在同一励磁电流,使磁场强度相同,在关闭电源前应先将励磁电流降至零。

(2) 用莫尔盐标定

① 取一干洁的空样品管悬挂在磁天平左臂挂钩上,样品管应与磁极中心线平齐,注意样品管不要与磁极相触。准确称取空管的质量 $m_{空管}(H=0)$,重复称取三次取其平均值。接通励磁电源调节电流为 I。记录加磁场后空管的称量值 $m_{空管}(H=H)$,重复三次取其平均值。

② 取下样品管,将莫尔盐通过漏斗装入样品管,边装边在橡皮垫上碰击,使样品均匀填实,直至装满,继续碰击至样品高度不变为止,用直尺测量样品高度 h。用与①中相同步骤称取 $m_{空管+样品}(H=0)$ 和 $m_{空管+样品}(H=H)$ 测量毕,将莫尔盐倒入试剂瓶中。

2. 测定未知样品的摩尔磁化率 χ_M

同法分别测定 $FeSO_4 \cdot 7H_2O$、$K_3[Fe(CN)_6]$ 和 $K_4[Fe(CN)_6] \cdot 3H_2O$ 和 $m_{空管}(H=0)$、$m_{空管}(H=H)$、$m_{空管+样品}(H=0)$ 和 $m_{空管+样品}(H=H)$。

【注意事项】

1. 所测样品应研细。
2. 样品管一定要干净。$\Delta m_{空管} = m_{空管}(H=H) - m_{空管}(H=0) > 0$ 时表明样品管不干净,应更换。
3. 装样时不要一次加满,应分次加入,边加边碰击填实后,再加再填实,尽量使样品紧密均匀。
4. 挂样品管的悬线不要与任何物体接触。
5. 加外磁场后,应检查样品管是否与磁极相碰。

【实验记录】

室温:_____℃   大气压:_____kPa

样品名称	$m_{空管}/g$ $(H=0)$	$m_{空管}/g$ $(H=H)$	$\Delta m_{空管}$ /g	$m_{空管+样品}/g$ $(H=0)$	$m_{空管+样品}/g$ $(H=H)$	$\Delta m_{空管+样品}$ /g	$m_{样品}$ /g	样品高度 /cm

【数据处理】

1. 根据实验数据和式(3-24-14)计算外加磁场强度 H。
2. 计算三个样品的摩尔磁化率 χ_M、永久磁矩 μ_m 和未配对电子数 n。
3. 根据 μ_m 和 n 讨论配合物中心离子最外层电子结构和配键类型。
4. 根据式(3-24-15)计算测量 $FeSO_4 \cdot 7H_2O$ 的摩尔磁化率的最大相对误差,并指出哪一种直接测量对结果的影响最大?

【思考题】

1. 本实验在测定 χ_M 时做了哪些近似处理?

2. 为什么要用莫尔盐来标定磁场强度？

3. 样品的填充高度和密度对测量结果有何影响？

【讨论要点】

1. 有机化合物绝大多数分子都是由反平行自旋电子对而形成的价键，因此其总自旋矩等于零，是反磁性的。巴斯卡（Pascol）分析了大量有机化合物的摩尔磁化率的数据，总结得到分子的摩尔反磁化率具有加和性。此结论可以用于研究有机物分子的结构。

2. 从磁性的测量中还可以得到一系列其他的信息。例如测定物质磁化率对温度和磁场强度的依赖性可以判断是顺磁性、反磁性或铁磁性的定性结果。对合金磁化率的测定可以得到合金的组成，也可研究生物体系中血液的成分等。

3. 磁化率的单位从 CGS 磁单位制改用国际单位 SI 制，必须注意换算关系。质量磁化率、摩尔磁化率的换算关系分别为：

$$1 m^3 \cdot kg^{-1} \text{（SI 单位）} = 1/4\pi \times 10^3 cm^3 \cdot g^{-1} \text{（CGS 电磁制）}$$

$$1 m^3 \cdot mol^{-1} \text{（SI 单位）} = 1/4\pi \times 10^6 cm^3 \cdot mol^{-1} \text{（CGS 电磁制）}$$

【考核标准】

实 验 预 习		实 验 操 作		实 验 报 告	
考核内容	成绩	考核内容	成绩	考核内容	成绩
1. 预习报告	0.5	1. 校正特斯拉计	0.5	1. 报告的完整性	1.0
2. 课前提问（原理、步骤、要点等）	0.5	2. 研细样品、装样	1.5	2. 数据处理及结果	2.0
		3. 称重测定	2.0	3. 讨论及其他	1.0
		4. 实验室纪律与卫生	1.0		
合计	1.0	合计	5.0	合计	4.0

附 录

附录1 物理化学实验中常用数据

表1-1 相对原子质量表

元素符号	名称	相对原子质量	元素符号	名称	相对原子质量	元素符号	名称	相对原子质量
Ac	锕	227.0278	Ge	锗	72.59*	Pr	镨	140.907*
Ag	银	107.868	H	氢	1.0079	Pt	铂	195.09*
Al	铝	26.98154	He	氦	4.00260	Pu	钚	[244]
Am	镅	[243]	Hf	铪	178.49*	Ra	镭	226.0254
Ar	氩	39.948*	Hg	汞	200.59*	Rb	铷	85.4678*
As	砷	74.9216	Ho	钬	164.9304	Re	铼	186.207
At	砹	[210]	I	碘	126.9045	Rh	铑	102.9055
Au	金	196.9665	In	铟	114.82	Rn	氡	[222]
B	硼	10.81	Ir	铱	192.22*	Ru	钌	101.07*
Ba	钡	137.33	K	钾	39.0983*	S	硫	32.06
Be	铍	9.01218	Kr	氪	83.80	Sb	锑	121.75*
Bi	铋	208.9804	La	镧	138.9055*	Sc	钪	44.9559
Bk	锫	[247]	Li	锂	6.941	Se	硒	78.96*
Br	溴	79.904	Lu	镥	174.967*	Si	硅	28.0855*
C	碳	12.011	Lr	铹	[260]	Sm	钐	150.4
Ca	钙	40.08	Md	钔	[258]	Sn	锡	118.69*
Cd	镉	112.41	Mg	镁	24.305	Sr	锶	87.62
Ce	铈	140.12	Mn	锰	54.9380	Ta	钽	180.9479*
Cf	锎	[251]	Mo	钼	95.94	Tb	铽	158.9254
Cl	氯	35.453	N	氮	14.0067	Tc	锝	[97]
Cm	锔	[247]	Na	钠	22.98977	Te	碲	127.60*
Co	钴	58.9332	Nb	铌	92.9061	Th	钍	232.0381
Cr	铬	51.996	Nd	钕	144.24*	Ti	钛	47.90*
Cs	铯	132.9054	Ne	氖	20.179*	Tl	铊	204.37
Cu	铜	63.546*	Ni	镍	58.70	Tm	铥	168.9342
Dy	镝	162.50*	No	锘	[259]	U	铀	238.029
Er	铒	167.26*	Np	镎	237.0482	V	钒	50.9415
Es	锿	[254]	O	氧	15.9994*	W	钨	183.85*
Eu	铕	151.96	Os	锇	190.2	Xe	氙	131.30
F	氟	18.998403	P	磷	30.97376	Y	钇	88.9059
Fe	铁	55.847*	Pa	镤	231.0359	Yb	镱	173.04*
Fm	镄	[257]	Pb	铅	207.2	Zn	锌	65.38
Fr	钫	[223]	Pd	钯	106.4	Zr	锆	91.22
Ga	镓	69.72	Pm	钷	[145]			
Gd	钆	157.25*	Po	钋	[209]			

注：1. 按照元素符号的字母顺序排列。

2. 相对原子质量录自1985年国际原子量表，以$^{12}C=12$为基准。

3. 相对原子质量加中括号的为放射性元素的半衰期最长的同位素的质量数。

4. 相对原子质量末尾数准至±1；标*号的末尾数准至±3。

表 1-2 常用物理常数

常数	符号	数值	SI 单位	CGS 单位
标准重力加速度	g	9.80665	m/s^2	$10^2 cm/s^2$
光速	c	2.997924	$10^8 m/s$	$10^{10} cm/s$
普朗克常数	h	6.626075	$10^{-34} J \cdot s$	$10^{-27} erg \cdot s$
玻耳兹曼常数	k	1.3806	$10^{-23} J/K$	$10^{-16} erg/K$
阿伏伽德罗常数	L	6.0220	$10^{23}/mol$	
法拉第常数	F	9.64847	$10^4 C/mol$	
电子电荷	e	1.60219	$10^{-19} C$	$10^{-20} emu$
电子的静止质量	m_e	9.1094	$10^{-31} kg$	$10^{-28} g$
质子的静止质量	m_p	1.6726	$10^{-27} kg$	$10^{-24} g$
玻尔半径	a_0	5.2918	$10^{-11} m$	$10^{-9} cm$
玻尔磁子	μ_B	9.2741	$10^{-24} J/T$	$10^{-21} erg/G$
核磁子	μ_N	5.0598	$10^{-27} J/T$	$10^{-24} erg/G$
理想气体标准态体积	V_0	22.4138	$10^{-3} m^3/mol$	
气体常数	R	8.31451	$J/(mol \cdot K)$	$10^7 erg/(mol \cdot K)$
水的冰点		273.15	K	
水的三相点		273.16	K	

表 1-3 国际单位制的基本单位（SI）

物理量	名称	代号 中文	代号 国际
长度	米	米	m
质量	千克(公斤)	千克(公斤)	kg
时间	秒	秒	s
电流	安培	安	A
热力学温度	开尔文	开	K
物质的量	摩尔	摩	mol
光强度	坎德拉	坎	cd

表 1-4 国际单位制中具有专业名称的导出单位

物理量	名称	代号 中文	代号 国际	备注
频率	赫兹	赫	Hz	$1Hz = 1/s$
力	牛顿	牛	N	$1N = 1 kg \cdot m/s^2$
压力、应力	帕斯卡	帕	Pa	$1Pa = 1N/m^2$
能、功、热量	焦耳	焦	J	$1J = 1N \cdot m$
电量、电荷	库仑	库	C	$1C = 1A \cdot s$
功率	瓦特	瓦	W	$1W = 1J/s$
电动势、电位、电压	伏特	伏	V	$1V = 1W/A$
电容	法拉	法	F	$1F = 1C/V$
电阻	欧姆	欧	Ω	$1\Omega = 1V/A$
电导	西门子	西	S	$1S = 1A/V$
磁通量	韦伯	韦	Wb	$1Wb = 1V \cdot s$
磁感应强度	特斯拉	特	T	$1T = 1Wb/m^2$
电感	亨利	亨	H	$1H = 1Wb/A$
摄氏温度	摄氏度	度	℃	

表 1-5 力单位换算

牛顿(N)	千克力(kgf)	达因(dyn)
1	0.102	10^5
9.80665	1	9.80665×10^5
10^{-5}	1.02×10^{-6}	1

表 1-6 压力单位换算

帕斯卡(Pa)	工程大气压(kgf/cm^2)	毫米水柱(mmH_2O)	标准大气压(atm)	毫米汞柱(mmHg)
1	1.02×10^{-5}	0.102	0.99×10^{-5}	0.0075
98067	1	10^4	0.9708	735.5
9.807	0.0001	1	0.9708×10^{-4}	0.0736
101325	1.033	10335	1	760
133.32	0.001.36	13.6	0.00132	1

表 1-7 能量单位换算

尔格(erg)	焦耳(J)	千克力·米(kgf·m)	千瓦·时(kW·h)	千卡 (kcal)	升·大气压(L·atm)
1	10^{-7}	0.102×10^{-7}	27.78×10^{-15}	23.9×10^{-12}	9.869×10^{-10}
10^7	1	0.102	277.8×10^{-9}	239×10^{-6}	9.869×10^{-3}
9.807×10^7	9.807	1	2.724×10^{-6}	2.344×10^{-3}	9.679×10^{-2}
36×10^{12}	3.6×10^6	367.2×10^3	1	860.4	3.553×10^4
41.87×10^9	4187	427.074	1.163×10^{-3}	1	41.32
1.013×10^9	101.3	10.33	2.814×10^{-5}	2.421×10^{-2}	1

注：1 尔格＝1 达因·厘米；1 焦＝1 牛·米＝1 瓦·秒；1 电子伏＝1.602×10^{-19} 焦。

表 1-8 用于构成十进倍数和分数单位的头

倍数	名称		代号	分数	名称		代号
10^{18}	艾可萨(exa)	艾	E	10^{-1}	分(deci)	分	d
10^{15}	拍它(peta)	拍	P	10^{-2}	厘(centi)	厘	c
10^{12}	太拉(tera)	太	T	10^{-3}	毫(milli)	毫	m
10^9	吉咖(giga)	吉	G	10^{-6}	微(micro)	微	μ
10^6	兆(mega)	兆	M	10^{-9}	纳诺(nano)	纳	n
10^3	千(kilo)	千	k	10^{-12}	皮可(pico)	皮	p
10^2	百(hecto)	百	h	10^{-15}	飞母托(femto)	飞	f
10^1	十(deca)	十	da	10^{-18}	阿托(atto)	阿	a

表 1-9 不同温度下水的密度、表面张力、黏度、蒸气压

温度 $t/℃$	密度 $\rho/(kg/m^3)$	表面张力 $\sigma/(N/m)$	黏度 $\eta/Pa \cdot s$	蒸气压 p/kPa
0	999.8425	0.07564	0.001787	0.6105
1	999.9015		0.001728	0.6567
2	999.9429		0.001671	0.7058
3	999.9672		0.001618	0.7579
4	999.9750		0.001567	0.8134
5	999.9668	0.07492	0.001519	0.8723
6	999.9432		0.001472	0.9350
7	999.9045		0.001428	1.0016
8	999.8512		0.001386	1.0726
9	999.7838		0.001346	1.1477
10	999.7026	0.07422	0.001307	1.2278
11	999.6081	0.07407	0.001271	1.3124

续表

温度 t/℃	密度 ρ/(kg/m³)	表面张力 σ/(N/m)	黏度 η/Pa·s	蒸气压 p/kPa
12	999.5004	0.07393	0.001235	1.4023
13	999.3801	0.07378	0.001202	1.4973
14	999.2474	0.07364	0.001169	1.5981
15	999.1026	0.07349	0.001139	1.7049
16	999.9460	0.07334	0.001109	1.8177
17	998.7779	0.07319	0.001081	1.9372
18	998.5986	0.07305	0.001053	2.0634
19	998.4082	0.07290	0.001027	2.1967
20	998.2071	0.07275	0.001002	2.3378
21	997.9955	0.07259	0.0009779	2.4865
22	997.7735	0.07244	0.0009548	2.6334
23	997.5415	0.07228	0.0009325	2.8088
24	997.2995	0.07213	0.0009111	2.9833
25	997.0479	0.07197	0.0008904	3.1672
26	996.7867	0.07182	0.0008705	3.3609
27	996.5162	0.07166	0.0008513	3.5649
28	996.2365	0.07150	0.0008327	3.7795
29	995.9478	0.07135	0.0008148	4.0054
30	995.6502	0.07118	0.0007975	4.2428
31	995.3440		0.0007808	4.4923
32	995.0292		0.0007647	4.7547
33	994.7060		0.0007491	5.0312
34	994.3745		0.0007340	5.3193
35	994.0349	0.07038	0.0007194	5.4895
36	993.6872		0.0007052	5.9412
37	993.3316		0.0006915	6.2751
38	992.9683		0.0006783	6.6250
39	992.5973		0.0006654	6.9917

表 1-10　水的折射率（钠光）

温度/℃	折射率	温度/℃	折射率	温度/℃	折射率
0	1.33395	19	1.33308	26	1.33234
5	1.33388	20	1.33300	27	1.33231
10	1.33368	21	1.33292	28	1.33219
15	1.33337	22	1.33283	29	1.33206
16	1.33330	23	1.33274	30	1.33192
17	1.33323	24	1.33264		
18	1.33316	25	1.33254		

表 1-11　有机化合物的燃烧热

名称	分子式	t/℃	$-\Delta_c H_m$/(kJ/mol)
甲醇	$CH_3OH(l)$	25	726.51
乙醇	$C_2H_5OH(l)$	25	1366.8
草酸	$(CO_2H)_2(s)$	25	245.6
甘油	$(CH_2OH)_2CHOH(l)$	20	1661.0
苯	$C_6H_6(l)$	20	3267.5
己烷	$C_6H_{14}(l)$	25	4163.1
苯甲酸	$C_6H_5COOH(s)$	20	3226.9
樟脑	$C_{10}C_{16}O(s)$	20	5903.6
萘	$C_{10}C_8(s)$	25	5153.8
蔗糖	$C_{12}H_{22}O_{11}(s)$	25	5640.9

表 1-12　某些电极的标准还原电极电势（$t=25℃$，$p=100\text{kPa}$）

电极	$E^{\ominus}/\text{V}$	反应式
$Li^+\|Li$	−3.045	$Li^+ + e^- \rightleftharpoons Li$
$K^+\|K$	−2.924	$K^+ + e^- \rightleftharpoons K$
$Na^+\|Na$	−2.7109	$Na^+ + e^- \rightleftharpoons Na$
$Ca^{2+}\|Ca$	−2.76	$Ca^{2+} + 2e^- \rightleftharpoons Ca$
$Zn^{2+}\|Zn$	−0.7628	$Zn^{2+} + 2e^- \rightleftharpoons Zn$
$Fe^{2+}\|Fe$	−0.409	$Fe^{2+} + 2e^- \rightleftharpoons Fe$
$Cd^{2+}\|Cd$	−0.4026	$Cd^{2+} + 2e^- \rightleftharpoons Cd$
$Co^{2+}\|Co$	−0.28	$Co^{2+} + 2e^- \rightleftharpoons Co$
$Ni^{2+}\|Ni$	−0.23	$Ni^{2+} + 2e^- \rightleftharpoons Ni$
$Sn^{2+}\|Sn$	−0.1364	$Sn^{2+} + 2e^- \rightleftharpoons Sn$
$Pb^{2+}\|Pb$	−0.1263	$Pb^{2+} + 2e^- \rightleftharpoons Pb$
$H^+\|H_2\|Pt$	0.00	$2H^+ + 2e^- \rightleftharpoons H_2$
$Cu^{2+}\|Cu$	+0.3402	$Cu^{2+} + 2e^- \rightleftharpoons Cu$
$I^-\|I_2\|Pt$	+0.535	$I_2 + 2e^- \rightleftharpoons 2I^-$
$Fe^{3+},Fe^{2+}\|Pt$	+0.747	$Fe^{3+} + e^- \rightleftharpoons Fe^{2+}$
$Ag^+\|Ag$	+0.7996	$Ag^+ + e^- \rightleftharpoons Ag$
$Br^-\|Br_2\|Pt$	+1.087	$Br_2 + 2e^- \rightleftharpoons 2Br^-$
$Cl^-\|Cl_2\|Pt$	+1.3583	$Cl_2 + 2e^- \rightleftharpoons 2Cl^-$
$Ce^{4+},Ce^{3+}\|Pt$	+1.61	$Ce^{4+} + e^- \rightleftharpoons Ce^{3+}$

表 1-13　强电解质活度系数（25℃）

电解质	浓度/(mol/kg)									
	0.001	0.002	0.005	0.01	0.02	0.05	0.1	0.2	0.5	1.0
HCl	0.966	0.952	0.928	0.904	0.875	0.830	0.796	0.767	0.758	0.809
HNO_3	0.965	0.951	0.927	0.902	0.871	0.823	0.785	0.748	0.715	0.720
H_2SO_4	0.830	0.757	0.639	0.544	0.453	0.340	0.265	0.209	0.154	0.130
$AgNO_3$			0.92	0.90	0.86	0.79	0.72	0.64	0.51	0.40
$CuCl_2$	0.89	0.85	0.78	0.72	0.66	0.58	0.52	0.47	0.42	0.43
$CuSO_4$	0.74		0.53	0.41	0.31	0.21	0.16	0.11	0.068	0.047
KCl	0.965	0.952	0.927	0.901		0.815	0.769	0.719	0.651	0.606
K_2SO_4	0.89		0.78	0.71	0.64	0.52	0.43	0.36		
$MgSO_4$				0.40	0.32	0.22	0.18	0.13	0.088	0.064
NH_4Cl	0.961	0.944	0.911	0.88	0.84	0.79	0.74	0.69	0.62	0.57
NH_4NO_3	0.959	0.942	0.912	0.88	0.84	0.78	0.73	0.66	0.56	0.47
NaCl	0.966	0.953	0.929	0.904	0.875	0.823	0.780	0.73	0.68	0.66
$NaNO_3$	0.966	0.953	0.93	0.90	0.87	0.82	0.77	0.70	0.62	0.55
Na_2SO_4	0.887	0.847	0.778	0.714	0.641	0.53	0.45	0.36	0.27	0.20
$PbCl_2$	0.86	0.80	0.70	0.61	0.50					
$ZnCl_2$	0.88	0.84	0.77	0.71	0.64	0.56	0.50	0.45	0.38	0.33
$ZnSO_4$	0.70	0.61	0.48	0.39			0.15	0.11	0.065	0.045

表 1-14　乙醇水溶液的表面张力

25℃		30℃	
$w/\%$	$\sigma/(10^{-3}\text{N/m})$	$w/\%$	$\sigma/(10^{-3}\text{N/m})$
0.00	72.20	0.000	71.23
2.72	60.79	0.972	66.08
5.21	54.87	2.143	61.56
11.10	46.03	4.994	54.15
20.50	37.53	10.385	45.88

续表

25℃		30℃	
$w/\%$	$\sigma/(10^{-3} \text{N/m})$	$w/\%$	$\sigma/(10^{-3} \text{N/m})$
30.47	32.25	17.979	38.54
40.00	29.63	25.00	34.08
50.22	27.89	29.98	31.89
59.58	26.71	34.89	30.32
68.94	25.71	50.00	27.45
77.98	24.73	60.04	26.24
87.92	23.64	71.85	25.05
92.10	23.18	75.06	24.68
97.00	22.49	84.57	23.61
100.00	22.03	95.57	22.09
		100.00	21.41

表 1-15　30.0℃下环己烷-乙醇二元系组成（以环己烷摩尔分数表示）与折射率对应表

折射率	0	1	2	3	4	5	6	7	8	9
1.357	0.000	0.001	0.002	0.003	0.005	0.006	0.007	0.008	0.009	0.010
1.358	0.012	0.013	0.014	0.015	0.016	0.017	0.018	0.020	0.021	0.022
1.359	0.023	0.024	0.025	0.026	0.028	0.029	0.030	0.031	0.032	0.033
1.360	0.035	0.036	0.037	0.038	0.039	0.040	0.041	0.043	0.044	0.045
1.361	0.046	0.047	0.048	0.049	0.051	0.052	0.053	0.054	0.055	0.056
1.362	0.057	0.059	0.060	0.061	0.062	0.063	0.064	0.065	0.067	0.068
1.363	0.069	0.070	0.071	0.072	0.073	0.074	0.076	0.077	0.078	0.079
1.364	0.080	0.081	0.082	0.084	0.085	0.086	0.087	0.088	0.089	0.090
1.365	0.092	0.093	0.094	0.095	0.096	0.097	0.098	0.100	0.101	0.102
1.366	0.103	0.104	0.105	0.106	0.108	0.109	0.110	0.111	0.112	0.113
1.367	0.114	0.116	0.117	0.118	0.119	0.120	0.121	0.122	0.124	0.125
1.368	0.126	0.127	0.128	0.129	0.130	0.132	0.133	0.134	0.135	0.136
1.369	0.137	0.138	0.139	0.141	0.142	0.143	0.144	0.145	0.146	0.147
1.370	0.149	0.150	0.151	0.152	0.153	0.154	0.155	0.157	0.158	0.159
1.371	0.160	0.161	0.162	0.164	0.165	0.166	0.167	0.169	0.170	0.171
1.372	0.172	0.173	0.175	0.176	0.177	0.178	0.180	0.181	0.182	0.183
1.373	0.184	0.186	0.187	0.188	0.189	0.191	0.192	0.193	0.194	0.195
1.374	0.197	0.198	0.199	0.200	0.201	0.203	0.204	0.205	0.206	0.208
1.375	0.209	0.210	0.211	0.212	0.214	0.215	0.216	0.217	0.219	0.220
1.376	0.221	0.222	0.224	0.225	0.226	0.228	0.229	0.230	0.232	0.233
1.377	0.234	0.236	0.237	0.238	0.239	0.241	0.242	0.243	0.245	0.246
1.378	0.247	0.249	0.250	0.251	0.253	0.254	0.255	0.257	0.258	0.259
1.379	0.261	0.262	0.263	0.265	0.266	0.267	0.269	0.270	0.271	0.272
1.380	0.274	0.275	0.276	0.278	0.279	0.280	0.282	0.283	0.284	0.286
1.381	0.287	0.288	0.290	0.291	0.293	0.294	0.295	0.297	0.298	0.299
1.382	0.301	0.302	0.304	0.305	0.306	0.308	0.309	0.310	0.312	0.313
1.383	0.315	0316	0.317	0.319	0.320	0.322	0.323	0.324	0.326	0.327
1.384	0.328	0.330	0.331	0.333	0.334	0.335	0.337	0.338	0.339	0.341
1.385	0.342	0.344	0.345	0.346	0.348	0.349	0.350	0.352	0.353	0.355
1.386	0.356	0.358	0.359	0.361	0.362	0.364	0.365	0.367	0.368	0.370
1.387	0.371	0.373	0.374	0.376	0.378	0.379	0.381	0.382	0.384	0.385
1.388	0.387	0.388	0.390	0.391	0.393	0.395	0.396	0.398	0.399	0.401
1.389	0.402	0.404	0.405	0.407	0.408	0.410	0.411	0.413	0.415	0.416
1.390	0.418	0.419	0.421	0.422	0.424	0.425	0.427	0.438	0.430	0.431

续表

折射率	0	1	2	3	4	5	6	7	8	9
1.391	0.433	0.435	0.436	0.438	0.440	0.441	0.443	0.444	0.446	0.448
1.392	0.449	0.451	0.453	0.454	0.456	0.458	0.459	0.461	0.463	0.464
1.393	0.466	0.467	0.469	0.471	0.472	0.474	0.476	0.477	0.479	0.481
1.394	0.482	0.484	0.485	0.487	0.489	0.490	0.492	0.494	0.495	0.497
1.395	0.499	0.500	0.502	0.504	0.505	0.507	0.508	0.510	0.512	0.513
1.396	0.515	0.517	0.518	0.520	0.522	0.524	0.525	0.527	0.529	0.531
1.397	0.532	0.534	0.536	0.538	0.539	0.541	0.543	0.545	0.546	0.548
1.398	0.550	0.552	0.553	0.555	0.557	0.559	0.560	0.562	0.564	0.565
1.399	0.567	0.569	0.571	0.572	0.574	0.576	0.578	0.579	0.581	0.583
1.400	0.585	0.586	0.588	0.590	0.592	0.593	0.595	0.597	0.599	0.600
1.401	0.602	0.604	0.606	0.608	0.610	0.611	0.613	0.615	0.617	0.619
1.402	0.621	0.623	0.625	0.626	0.628	0.630	0.632	0.634	0.636	0.638
1.403	0.640	0.641	0.643	0.645	0.647	0.649	0.651	0.653	0.655	0.657
1.404	0.658	0.660	0.662	0.664	0.666	0.668	0.670	0.672	0.673	0.675
1.405	0.677	0.679	0.681	0.683	0.685	0.687	0.688	0.690	0.692	0.694
1.406	0.696	0.698	0.700	0.702	0.704	0.706	0.708	0.710	0.712	0.714
1.407	0.716	0.718	0.720	0.722	0.724	0.726	0.728	0.730	0.732	0.734
1.408	0.736	0.738	0.740	0.742	0.744	0.746	0.749	0.751	0.753	0.755
1.409	0.757	0.759	0.761	0.763	0.765	0.767	0.769	0.771	0.773	0.775
1.410	0.777	0.779	0.781	0.783	0.785	0.787	0.789	0.791	0.793	0.795
1.411	0.797	0.799	0.801	0.803	0.806	0.808	0.810	0.812	0.814	0.816
1.412	0.819	0.821	0.823	0.825	0.827	0.829	0.832	0.834	0.836	0.838
1.413	0.840	0.842	0.845	0.847	0.849	0.851	0.853	0.855	0.857	0.860
1.414	0.862	0.864	0.866	0.868	0.870	0.873	0.875	0.877	0.879	0.881
1.415	0.883	0.886	0.888	0.890	0.892	0.894	0.896	0.899	0.901	0.903
1.416	0.905	0.907	0.910	0.912	0.914	0.916	0.919	0.921	0.923	0.925
1.417	0.928	0.930	0.932	0.934	0.937	0.939	0.941	0.943	0.946	0.948
1.418	0.950	0.952	0.955	0.957	0.959	0.961	0.963	0.966	0.968	0.970
1.419	0.972	0.975	0.977	0.979	0.981	0.984	0.986	0.988	0.990	0.993
1.420	0.995	0.997	1.000							

附录 2　物理化学实验室中的安全防护

在化学实验室中，经常使用各种仪器设备和化学药品，以及水、电、煤气等，因此在操作前应充分了解所用仪器、药品的规格和性能，并遵循一定的方法进行实验。由于缺乏必要的安全防护知识，加上一旦发生安全事故时又不能及时妥善处置，以致造成生命和财产巨大损失的事例，曾多次发生过。所以化学实验室的安全防护，是一个关系到培养良好的工作作风，保证实验顺利进行，保护实验者和国家财产安全的重要问题。

物理化学实验室的安全防护，显得格外重要。因为在近代的物理化学实验室中，经常遇到高温、低温的实验条件，使用高气压（各种高压气瓶）、低气压（各种真空系统）、高电压、高频和带有辐射源（X光以及同位素源）的仪器，而且许多贵重精密的设备日益普遍应用，需要实验者具备必要的安全防护基础知识，懂得应采取的预防措施以及事故现场的处理方法。但是，在一个简短的附录里，要涉及物理化学实验中的安全问题和如何防止事故的各个方面，是很难做到的。这里，仅就使用化学药品、电器仪表、高压设备和辐射源等的安全防护知识，简要叙述如下。

一、使用化学药品的安全防护

在开始一项实验之前,一般要预先了解实验中所用的化学药品的规格、性能以及使用时可能产生的危害,并准备好预防措施。必须注意,许多化学药品的毒性,在相隔很长时间以后才会显示出来;不要将使用少量、常量化学药品的经验,任意用于大量化学药品的实验,更不应将常温、常压下实验的经验,套用到高温、高压、低温、低压的实验中。

化学药品使用不当会引起中毒、爆炸、燃烧和灼伤等各种事故,因此要注意防毒、防爆、防燃和防灼伤,并采取有效措施。

1. 防毒

大多数化学药品都有不同程度的毒性,原则上,应防止任何化学药品以任何方式进入人体。有毒化学药品进入人体,可以通过三种途径,即呼吸道吸入、消化道进入和皮肤吸收等。有毒气体或尘埃可经呼吸道由肺部进入人体。沾染毒物的手指,在进食时可能将毒物带进消化道。有外伤的皮肤,易使毒物进入人体。因此防毒的实验室应经常通风,不使室内积聚有毒气体或尘埃。禁止在实验室进食、吸烟,离开实验室时应仔细洗手,尽量防止皮肤和药物直接接触,受损的皮肤要及时包扎、治疗。

在化学药品中,尤其要避免剧毒品进入人体。所谓剧毒品主要指氰化物、三氧化二砷、氯化高汞等。它们的使用与保管应按专门制度进行。

实验室常用的气体药品,如氯、溴、硫化氢、氮的氧化物、硫的氧化物和一氧化碳等。可由呼吸道黏膜侵入人体而发生中毒现象。因此使用这类药品应在通风橱内或指定管道和容器内进行,防止它们散失在室内空气中。当空气中的氯气含量超过 0.002mg/L 时,就会对人体产生危害。

氢氟酸侵入人体,会损伤牙齿、骨骼、造血和神经系统,它一般通过呼吸道或皮肤使人体中毒,使用时要严格按操作规定进行,如误与皮肤接触,应迅速以稀氨水或大量清水冲洗。

有机药品的烃、醇、醚以及某些酯类,对人体都有不同程度的麻醉作用,甲酯和草酸酯对肺有损害。芳香烃、胺和硝基化合物对血液有损害,有的还有致癌作用。氯化烃会损害肝和肾。大多数有机溶剂会刺激皮肤,引起湿疹。

汞的毒性很大,而且是累积性毒物。汞进入人体后不易排出,如果泼溅到桌上或地上的汞没有及时处理掉,实验者每天吸入少量的汞蒸气和汞尘埃,日久也会中毒。因此不能轻视汞的毒性,使用汞应按专门的操作规程进行,万一有少量汞泼溅出来,要及时认真清除干净。

2. 防爆

化学药品因保管和使用不当而引起的爆炸,按其反应机理可分为支链爆炸与热爆炸两大类。

(1) 支链爆炸

大部分气体混合物的爆炸都是支链爆炸。支链爆炸的条件是链的支化速率超过了链的消除速率,支链爆炸反应存在明显的界限现象,即当某一参数(压力、温度、混合气体成分等)有极小的变化时,反应速率就会发生急剧变化。许多气体和空气的混合物都有爆炸组分界限,当混合物的组分位于爆炸高限与爆炸低限之间,此时只要有一适当的灼热源(如一个火花、一根高热金属丝)诱发,全部气体混合物便瞬间爆炸。某些气体与空气混合物的爆炸高限和低限,以对空气体积分数表示,如表 2-1 所示。

表 2-1 某些气体在空气中的爆炸极限

气体或蒸气名称	爆炸高限(体积分数)/%	爆炸低限(体积分数)/%	气体或蒸气名称	爆炸高限(体积分数)/%	爆炸低限(体积分数)/%
氢气	74.2	4.0	一氧化碳	74.2	12.5
煤气	74.0	35.0	氨气	27.0	15.5
环氧乙烷	80.0	3.0	硫化氢	45.5	4.3
甲醇	36.5	6.7	乙醇	19.0	3.2
乙醛	57.0	4.0	丙酮	12.8	2.6
乙醚	36.5	1.9	甲烷	15.0	5.0
乙烷	12.5	3.2	乙烯	28.6	2.8
丙烯	11.1	2.0	乙炔	80.0	2.5
苯	6.8	1.4			

为了防止发生支链爆炸,一方面,应尽量避免能与空气组成爆鸣混合气的气体或蒸气散失到室内空气中;另一方面,在实验室工作时一般应打开窗户,保持室内通风良好,不使某些气体在室内积聚而形成爆鸣混合气。此外在大量使用某些与空气混合有可能形成爆鸣气的气体时,室内应严禁明火和使用可能产生电火花的电器等,严禁穿鞋底上有铁钉的鞋子。

(2) 热爆炸

多数固体或液体化学药品及其混合物的爆炸为热爆炸,热爆炸的起因是反应的放热速率超过散热速率而导致温度剧烈升高,瞬间生成大量气体。

易爆炸的物质包括过氧化物、氯酸盐、高氯酸盐、叠氮化合物、重氮化合物、雷酸盐、三硝基甲苯、乙炔化合物等,它们在单独存放时,因受振动或受热也可能发生爆炸。因此,这些物质的使用和存放,要按专门规程进行。对于粉末状或超过常量的易爆物质,使用与存放更应格外小心。

乙醚久藏会生成极易爆炸的过氧化物。因此,久藏的乙醚,使用前必须先设法除去其中可能生成的过氧化物。遇水会爆炸的金属钠、钾等,使用时应遵循专门方法进行。

预防热爆炸的要点是不让强氧化剂与强还原剂存放在一起;同时在进行可能发生爆炸的实验时,必须采取防爆措施,实验者应戴好防护面罩,并尽量减少所用的化学药品数量。

3. 防燃

燃烧是可燃物发生剧烈氧化反应的一种现象,所以燃烧需有氧化剂和高温。预防燃烧首先是避免可燃物与氧化剂接触,例如木材或纸张与硝酸、破布与浓硫酸、活性炭与硝酸铵、有机物与液态空气或液氧等接触都是不安全的。其次是避免可燃物温度升高到超过其着火点或闪燃点,由于空气中的氧是很好的氧化剂,故置于空气中的可燃物,只要局部温度超过其着火点或闪燃点,就会引起燃烧。有许多因素使可燃物局部温度剧升,如明火、电器开关所产生的电火花,发热的化学反应以及静电火花等,因此实验时要注意预防。

许多常用的有机溶剂,如丙酮、苯、乙醇、乙醚、氯仿、二硫化碳等,最易引起燃烧,使用这类溶剂时要防止室内明火。蒸馏易燃有机溶剂,应遵循专门规程进行。用过的可燃液体或废液,不可倒入水槽,否则,可能在下水道积聚引起燃烧或爆炸。

易自燃的黄磷、金属烷基化合物,应妥善储存和使用。

4. 防灼伤

除高温可能引发皮肤灼伤外，化学药品也会造成灼伤。这些化学药品包括强酸、强碱、强氧化剂以及溴、磷、钾、钠、苯酚、硝酸银等。使用这些药品时应注意不要让皮肤与其接触，尤其要防止溅入眼内。

受灼伤的皮肤会失去调节体温和排泄的功能，给病菌造成侵入人体的机会，因此皮肤受伤后应及时治疗。

二、使用电器仪表的安全防护

在物理化学实验中，要使用到各种各样的电器，电器设备的安全防护与其他仪器设备是有区别的。一般仪器设备在发生安全事故时常伴有一些现象，这些现象可被人的感官所觉察，促使工作人员及时采取预防措施，而对于电器，电流和电压都没有这类现象，人的感官不易察觉它的危险。

使用电器的安全防护，主要包括电器设备安全防护和实验者人身安全防护两方面。

1. 电器设备的安全防护

在设计和安排一个实验的过程中，要仔细选择合适的电器设备，既要根据实验要求，选用一定级别的设备，以保证必要的精密度，还要考虑测量的范围要落在仪表的安全区。在探索性的工作中，应首先选用量程范围比初步估计值大得多的仪表，然后逐渐根据实验降低量程范围，以找到合适的仪表。

在选择和使用电器设备时，从安全防护方面考虑，应注意以下几点：

（1）选用电器设备，应首先阅读电器设备的使用说明书，弄清其性能、使用范围及安全防护措施。一般电器设备可按电压的高低、电流的种类、功率及功率容量、使用电器的环境来分类，要注意各种电器设备的相互匹配。

（2）绝缘状况对各类电器设备的安全具有很大意义。绝缘应使任何一段线路上两个保护器间的电阻值不小于电压值的 1000 倍，如电压为 220V 时，则电阻值应为 220000Ω。

（3）自动断路器是保护电器设备的好方法，自动断路可用保险熔丝或制成保护接地继电器。电器上的保险熔丝不能配用过大，不能随意用其他金属导线来代替青铅合金熔丝或铅-锡合金。

（4）应将三相电电源的中性点接地，降低人体万一触电时的接触电压，一旦设备发生故障可及时切断电源。

（5）一般电器、电机的金属外壳都是同内部带电部分绝缘的，一旦绝缘损坏，外壳便带电，为防止人体触及带电外壳而触电，将电器、电机的金属外壳和同外壳相连的金属构架接地。在电器设备使用上指明需要接地的，在使用时应接地。

（6）对于直流电器设备，应注意与电源的正、负极对应，不能接错。交流设备，注意是单相供电还是三相供电，规定电压与电源电压不符时，应跨接适当的变压器。

（7）各种导线都有额定电流，因此选用的导线直径应与所用电器的功率相匹配。从电工手册及产品说明书中均能查到线径和额定电流的数据。额定电流除与线径有关外，还与导线外层所包的各种绝缘层以及散热措施，如自然冷却、强迫风冷、油冷等有关，这方面的数据也可从有关手册中查到。有时，所用导线原来并不过载，但由于电器在使用过程中阻抗突然下降，也会引起过载。如电器中绝缘损坏引起局部短路，或电动机转动部分受机械障碍而使转速降低，都会出现上述情况，具体使用时必须充分注意。对于电器的旋转部分，应经常除去油污，补充润滑剂。

（8）接线时要注意接头处，特别是各种铝接头的接触良好，因为电线接头处接触不良会使接触电阻变大，线路中电流将变小，若要使线中电流达到原定值，则必须增高电压。此时接头处消耗的电功率将很大，时间一久，会引起接头处升温以至红热。将断的电热丝铰接起来使用，最易发生这种情况。缺乏电工经验的实验者所装接的电源线"插头"或"插座"，容易发生接头处松动的现象，使用此种不符合要求的"插头"或"插座"，就会引起温度升高，直至烧坏"插头"或"插座"，甚至造成事故。

（9）接好电并仔细检查无误后，方可试探性通电，如发现任何异常情况，要立即切断电源，再进行检查，直至正常运转后，才能使用。电器设备在运转中，如发现局部温升，或嗅到电器绝缘漆因过热发出焦味时，应立即切断电源，对设备进行检修。

2. 实验者的人身安全防护

触电对人体的伤害可分为电击和电伤两种。前者是电流通过人体引起内部器官的创伤，直至心脏停止跳动，后者是电流引起人体外部的创伤，如电弧使人的皮肤灼伤。使用电器时，实验者人身的安全防护，主要指防止电击，即不要使电流通过人体。

实验室中所用市电为频率 50Hz 的交流电，人体开始感觉到触电效应的电流强度约为 1mA，此时会有发麻及针刺的感觉，通过人体的电流强度达到 50mA 时，就有生命危险。电击伤人的程度还与通电时间的长短和通电的途径有关，通电时间越长，危险性越大，电流若通过心脏或大脑，更易引起电击死亡。

通过人体的电流强度大小，决定于人体的电阻及所加的电压，通常人体的电阻包括人体内部组织电阻和皮肤电阻。人体内部组织电阻一般约为 1000Ω，皮肤电阻却差别很大，干燥而没有外伤的皮肤电阻达数万欧姆以上，潮湿流汗的皮肤电阻降至 1000Ω 以下。电源的电压越低，电击伤人的危险越小，我国目前规定的安全电压是 36V。

为了防止电击伤人，除上述使用电器设备时需注意的要点外，还应做到：

（1）超过 45V 的交流电都是危险的，使用时要注意防止触电，电器外壳应接地。

（2）不要用潮湿有汗的手去操作电器。

（3）不要用手紧握荷电或可能荷电的电器。

（4）通常，不应以两手同时触及电器，因为万一发生触电，可以减少电流通过心脏的可能性，而增加抢救的机会。

（5）使用高压电源，要采取专门的安全防护措施。

（6）对实验室的电源总开关的位置要清楚，一旦发生事故能及时拉开电闸，切断电源。

万一不慎发生触电事故，应首先切断电源，把触电者迅速抬到空气流通的场所，并根据情况采取急救措施。若触电者有自主呼吸，可让其仰卧，下垫软衣服，头部比肩低，解开衣服纽扣，以免妨碍呼吸。同时用棉花蘸些氨水放在鼻孔下面，以凉毛巾摩擦全身，使触电者尽快恢复知觉。如触电者已停止呼吸，应立即进行人工呼吸，并迅速请附近的医生前来就地诊治，人工呼吸次数以每分钟 14～16 次为宜。当触电者在人工呼吸过程中有眼皮闪动或嘴微动时，应暂停人工呼吸数秒，让其自行呼吸，若尚不能完全恢复呼吸，就必须坚持人工呼吸直至触电者自行呼吸为止。没有明显的死亡征象，不应停止人工呼吸，在急救过程中应注意保持触电者的体温，同时千万不要注射强心剂，因为注射强心剂将导致触电者难以恢复心脏跳动。

三、使用高压设备的安全防护

高压容器包括高压反应釜、高压气体钢瓶和一般受压的玻璃仪器。物理化学实验中遇到的高压容器主要指后两种。因为高压容器都处于一种受压状态，使用时应按正确的规程进行操作。有关这方面的事故，通常由于使用不慎而引起，或由于设备材料本身老化，没有定期进行耐压试验，导致使用时发生爆炸。下面仅就使用高压气瓶和受压下玻璃仪器的安全防护分别简述如下。

1. 高压气瓶的安全防护

为了使用方便，通常将气体压缩存储于钢瓶中，这种气瓶称为储气瓶。为了安全、正确地使用储气瓶，有必要先介绍有关储气瓶的知识。

(1) 依据工作压力的差别，气瓶型号分类如表 2-2 所示。

表 2-2 气瓶型号分类

气瓶型号	用途	工作压力 /(kgf/cm^2)	实验压力/(kgf/cm^2)	
			水压实验	气压实验
150	充装氢、氧、氮、氩、甲烷、压缩空气等	150	225	150
125	充装纯净水煤气、二氧化碳等	125	190	125
30	充装氨、氯、光气等	30	60	30
6	充装二氧化硫	6	12	6

(2) 每个气瓶的肩部打有钢印，钢印的内容如下：
① 制造厂家；
② 制造日期；
③ 气瓶编号；
④ 气瓶型号或工作压力；
⑤ 气体类别；
⑥ 实际质量（不包括气阀及安全帽质量）；
⑦ 实际容积；
⑧ 检验日期和下次检验日期；
⑨ 水压实验压力（kgf/cm^2）；
⑩ 制造厂印章。

(3) 为了保证安全，各种气瓶必须定期地送至指定部门进行技术检查。

充装一般气体的气瓶，至少每三年检验一次；充装腐蚀性气体的气瓶，至少每两年检验一次；如果对气瓶质量有怀疑，应该提前进行检查。

经过检验的气瓶，在气瓶肩部打有如下内容的钢印：
① 检验合格或降级，报废的印记；
② 本次检验日期和下次检验日期；
③ 检验单位。

(4) 检验中如气瓶的质量损失率或容积增加率超过表 2-3 所示的标准时，应降级使用或报废。

表 2-3 气瓶检验标准值

气瓶型号	降入型号						报废	
	125		30		6			
	质量损失率/%	容积增加率/%	质量损失率/%	容积增加率/%	质量损失率/%	容积增加率/%	质量损失率/%	容积增加率/%
150	7.5	1.5	10	2.0	15	2.5	20	3.0
125	—	—	10	2.0	15	2.5	20	3.0
30					15	2.5	20	3.0
6							20	3.0

(5) 各类气瓶按其所充气体，涂以一定颜色的油漆，以便识别。常用气瓶的颜色规定如表 2-4 所示。

表 2-4 常用气瓶的颜色

气瓶名称	外表颜色	字样	字样颜色	横条颜色
氧气钢瓶	天蓝	氧	黑	红
氢气瓶	深绿	氢	红	棕
氮气瓶	黑	氮	黄	白
粗氩气瓶	黑	粗氩	白	
纯氩气瓶	灰	纯氩	绿	
氦气瓶	棕	氦	白	
压缩空气瓶	黑	压缩空气	白	
石油气体瓶	灰	石油气	红	
乙炔气瓶	白	乙炔	红	
氯气瓶	草绿	氯	白	
氨气瓶	黄	氨	蓝	
二氧化碳气瓶	黑	二氧化碳	黄	
氟氯烷气瓶	铝白	氟氯烷	黑	

(6) 气瓶在运输中应采取措施不使气瓶跌落、撞击、受热、沾污和损坏。气瓶阀门处必须加保护罩。

(7) 气瓶在使用时的放置地点，应该符合下列要求：

① 必须用铁环等固定器材将气瓶固定在稳固的支架、实验桌或墙壁上。不要放在容易跌落或者容易受到外来撞击的地方。

② 夏季不要放在日光暴晒的地方。

③ 使用易燃气体气瓶、氧气钢瓶时，与明火的距离一般不小于 10m，确实难达到 10m 时，应保证不小于 5m，并且应该采取防护措施。氢气瓶最好放在远离实验室的小屋内，然后用专门的导管（严防漏气！）引入，并加防止回火的装置。

④ 采暖期间，气瓶和暖气片的距离应该不小于 1m。

(8) 使用氧气钢瓶时，氧气钢瓶严禁沾污油脂，使用人的手、衣服或工具上沾有油脂时，禁止接触氧气钢瓶。因为高压氧气与油脂相遇会燃烧，甚至引起爆炸。

(9) 使用人员在开闭气瓶的瓶阀时，应该站在气阀接管的侧面，使用适当的工具慢开慢闭。

(10) 由气瓶送气到较低压力的容器时，必须经过减压器（阀）。减压器的低压室应该有安全阀。安全阀应该调整到接受气体的容器的最大工作压力。

(11) 气瓶的气体冻结时，应该把气瓶移到较暖的地方，或用洁净的温水解冻，严禁用火烘烤。

(12) 气瓶内的气体不应全部用净，应该有不小于 $1kg/cm^2$ 的压力，以便核对气体，并标上"用完"的记号。

(13) 气瓶在使用中发生故障时，应该立即采取妥善措施处理，不要继续冒险使用。

2. 受压下玻璃仪器的安全防护

供高压或真空实验用的玻璃仪器和装液态空气、液态氮气及液态氧气的杜瓦瓶等，都称为受压下的玻璃仪器。使用这类仪器时必须注意：

(1) 受压下玻璃仪器的器壁应足够坚固，不能用薄壁材料或平底烧瓶之类的器皿。

(2) 使用高真空玻璃系统时，在开启或关闭活塞时，应两手进行操作，一手握活塞套，一手缓缓旋转内塞。勿使玻璃系统各部分产生力矩以防折裂，任何一个活塞的开、闭，都要注意不要影响系统的其他部分，避免爆鸣气或能形成爆鸣气混合物的气体进入高温区。

(3) 负压下的玻璃容器或系统，在拆卸或打开之前，必须冷却到室温，且小心缓缓放入空气。

(4) 供气流稳压用的玻璃稳压瓶，其外壳应裹以布套或细网套。

四、使用辐射源的安全防护

各种电离辐射（包括 X 射线、γ 射线、中子流和带电粒子束等）作用于人体，都会造成人体的损伤，引起一系列复杂的组织机能变化，因此必须重视电离辐射的安全防护。

长期反复地接受超过最大允许剂量的电离辐射的照射，早期症候表现为疲倦、记忆力减退、食欲不振，继而产生头痛、失眠、体重减轻、白细胞降低，严重者身上出现出血群、细胞坏死，全身衰竭等。

电离辐射的最大允许剂量，我国目前规定每日不得超过 0.05 伦琴（$1R=2.58\times10^{-4}$ C/kg）。对于非放射性工作的专业人员，电离辐射的最大允许剂量为上述标准的 1/10，即每日不得超过 0.005 伦琴。

物理化学实验室的电离辐射，主要指 X 射线和同位素源的 γ 射线。γ 射线较 X 射线的波长短、能量大，但两者在性质上是相同的，它们对机体的作用也相似。因此，在防止 γ 射线和 X 射线对机体损伤所采取的防护措施，基本原则是一致的。目前采用的防护措施包括屏蔽防护和缩时加距两种。前者是在辐射源与人体之间添加适当的物质作为屏蔽，以减弱射线的强度。作为屏蔽的物质，主要有铅、铅玻璃等。后者是根据受照射的时间愈短，人体所接受射线的剂量愈少，以及射线的剂量随机体与辐射源的距离平方而衰减的原理，尽量缩短工作时间和加大机体与辐射源的距离。在实验时由于 X 射线或 γ 射线有一定的出射方向，此时实验者应注意不要正对出射方向站立，而应站在侧边进行操作。

除电离辐射外，所谓高频电磁波辐射是指频率为 10～100000MHz 的电磁波辐射，它能对金属、非金属介质以感应方式加热，因而也会对生物组织，如皮肤、肌肉、眼睛的晶状体以及血液循环、内分泌、神经系统造成损害，因此必须采取预防措施，其基本原则如下：

(1) 减少辐射源的泄漏和辐射。这是最根本、最有效的措施，使辐射局限在最小的范围内。

(2) 屏蔽辐射源。当设备本身不能足够防止高频辐射的泄漏时，可利用对电磁波能反射或吸收的材料，如金属、多孔性生胶和炭黑（后二者为吸收型）等作屏蔽罩、网、服装、帽等。

(3) 加大工作处与辐射源之间的距离，因辐射功率密度是与距离的平方成反比的。

（4）个人防护。防护服一般是供在强辐射条件进行短时间工作用的，防护眼镜是在镜片上镀有一层导电的二氧化锡、金属铬的透明或半透明膜。

考虑到某些工作中不可避免地要经受一定强度的电磁辐射，按不同工作时间制定的强度分级安全标准如下：

① 辐射时间小于 $15 \sim 20 \text{min/d}$，为 1mW/cm^2（需戴防护眼镜）。

② 辐射时间小于 2h/d，为 0.1mW/cm^2。

③ 在工作日内经常受辐射的应小于 $10 \mu\text{W/cm}^2$。

参 考 文 献

[1] 天津大学物理化学教研室. 物理化学. 第3版. 北京：高等教育出版社，1992.
[2] 北京大学物理化学教研室. 物理化学实验. 北京：北京大学出版社，1980.
[3] 北京大学. 物理化学实验. 北京：北京大学出版社，1981.
[4] 成都科学技术大学物理化学教研室. 物理化学实验. 第3版. 北京：高等教育出版社，1989.
[5] 复旦大学等. 物理化学实验. 北京：高等教育出版社，1993.
[6] 罗澄源等. 物理化学实验. 北京：人民教育出版社，1984.
[7] 傅献彩，陈瑞华. 物理化学（上册）. 北京：人民教育出版社，1980.
[8] 东北师范大学等. 物理化学实验. 北京：高等教育出版社，1988.
[9] 杨文治. 电化学基础. 北京：北京大学出版社，1982.
[10] 邹文樵等. 物理化学实验与技术. 上海：华东化工学院出版社，1990.
[11] 许海，路航. 物理化学实验. 吉林大学化学学院公共化学教学与研究中心，2002.
[12] 蔡显鄂等. 物理化学实验. 北京：高等教育出版社，2000.
[13] 顾月姝，宋淑娥. 物理化学实验. 第2版. 北京：化学工业出版社，2007.
[14] 贺德华，麻英，张连庆. 基础物理化学实验. 北京：高等教育出版社，2008.
[15] 孟长功，辛剑. 基础化学实验. 北京：高等教育出版社. 2008.
[16] 沈阳化工大学物理化学教研室. 物理化学实验. 北京：化学工业出版社，2012.
[17] 袁誉洪. 物理化学实验，北京：科学出版社，2013.
[18] 天津大学物理化学教研室、物理化学、第6版. 北京：高等教育出版社，2017.
[19] 何美，周华锋. 物理化学简明双语教程. 北京：中国石化出版社，2016.
[20] 河北科技大学物理化学教研室编. 物理化学实验. 北京：北京理工大学出版社，2005.
[21] 张世民. 一般反应的平衡移动. 化学通报，1996，2，49.
[22] 陈景祖等. 实验平衡常数 K 与标准平衡常数 $K^{\ominus}$. 大学化学，1994，4，23.